北京启真馆

意识与脑科学丛书

唐孝威 著

一般集成论
向脑学习

ZHEJIANG UNIVERSITY PRESS
浙江大学出版社

图书在版编目(CIP)数据

一般集成论：向脑学习/唐孝威著.—杭州：浙江大学
出版社，2011.3
（意识与脑科学丛书）
ISBN 978 - 7 - 308 - 08428 - 4

Ⅰ.①一…　Ⅱ.①唐…　Ⅲ.①认知科学 - 研究
Ⅳ.①B842.1

中国版本图书馆 CIP 数据核字（2011）第 024357 号

一般集成论——向脑学习
唐孝威　著

责任编辑	楼伟珊
装帧设计	王小阳
出版发行	浙江大学出版社
	（杭州天目山路 148 号　邮政编码310007）
	（网址：http：//www. zjupress. com）
排　版	北京京鲁创业科贸有限公司
印　刷	杭州杭新印务有限公司
开　本	640mm×960mm　1/16
印　张	12
字　数	163 千
版 印 次	2011 年 4 月第 1 版　2011 年 4 月第 1 次印刷
书　号	ISBN 978 - 7 - 308 - 08428 - 4
定　价	32.00 元

前　言

　　脑是自然界最复杂的系统，脑的活动是自然界最复杂的物质运动形式。当代科学技术的一个重大课题，就是研究和了解脑的工作原理，以及学习和应用脑的工作原理。本书在讨论向脑学习的基础上，提出一般集成论的理论。

　　考察脑的结构和功能时，可以看到脑具有许多不同的层次，包括分子、基因、突触、神经细胞、神经回路、功能专一性脑区、脑功能系统、整体的脑，以及心智与行为等。在微观和介观水平上，神经系统存在各种不同的集成统一体，如突触、神经细胞、神经回路等；而在宏观水平上则有脑功能系统和整体的脑等集成统一体。

　　脑内不同层次有不同种类的集成成分，基于它们之间的各种相互作用，构成不同形式和多种功能的集成体。脑的不同层次上存在许多类型和多种形式的集成作用和集成过程。脑内不同层次的集成体进一步集成为统一的、具有复杂结构和复杂功能的整体的脑，涌现出丰富多彩的心智，并且产生多种多样的行为。脑内的集成是随时间发展的动态过程，这种集成过程是通过脑内集成作用以及脑与环境的集成作用实现的。

　　脑为我们提供了一个研究集成作用和集成过程的"实验室"。本书根据脑的实验事实，从脑的结构与功能集成、脑的信息集成、脑的心理集成等方面，讨论脑内许多类型和多种形式的集成作用和集成过程的特性。我们提出，需要建立一门研究脑的集成现象的特性和规律及其应用的新的学科，可以把它命名为脑集成论。这门学科着重在脑的系统水平上对脑的集成现象的特性和规律及其应用进行研究。

我们在考察神经系统的集成作用和集成过程后，还提出需要建立一门研究神经系统的集成现象的特性和规律及其应用的新的学科，可以把它命名为神经集成论。这门学科涉及神经系统所有各种层次的集成现象，比较侧重在微观和介观水平上对神经系统的集成现象的特性和规律及其应用进行研究。

我们再把视野从脑转向自然界、科学技术领域和人类社会，可以注意到这样的事实：集成作用和集成过程不但在脑的活动中起重要的作用，而且在自然界、科学技术领域和人类社会中广泛存在。在自然界、科学技术领域和人类社会中，不同层次和不同种类的集成成分，基于它们之间的各种相互作用，集成为不同层次、不同形式的集成统一体，并且在一定条件下涌现新的特性。

自然界、科学技术领域和人类社会中不同领域的集成作用和集成过程分别具有各自特殊的规律，但它们又具有共性，可以用一些一般性的概念来对各种不同的集成作用和集成过程的共性进行统一的描述。

本书在向脑学习以及研究不同领域中相关实验事实的基础上，归纳各种集成作用和集成过程的一些一般性的概念，如优化、全局化、互补、协调、符合、同步、绑定、涌现、适应、同化、集大成、大统一，等等，可以用它们描述各种集成现象的共性。

虽然人们早已有集成的观念，而且也有过对几种具体的集成现象的一些分散的讨论，但是还没有对自然界、科学技术领域和人类社会中的集成现象，包括其中的集成作用和集成过程，进行过统一的、系统的研究。基于自然界、科学技术领域和人类社会中广泛存在各种集成现象的事实，本书提出需要建立一个新的学科，这个学科要研究不同领域中的集成现象，包括其中的集成作用和集成过程的一般性规律及其实际应用。我们把这个学科命名为一般集成论，把它的英文名称命名为 general integratics，简称 integratics。

本书包括三个部分。第一部分讨论脑的集成现象和脑的集成理论，介绍脑的一些实验事实，考察脑的集成作用和集成过程，并提出建立神经集成论、脑集成论和仿脑学等学科。

第二部分讨论一般集成论。根据不同领域中广泛存在各种集成作用和集成过程的事实，归纳集成现象的一般性概念，提出一般集成论的论点，再说明一般集成论与前人的系统论等理论的联系和区别。

第三部分讨论一般集成论的应用。举出一般集成论在多种领域中应用的例子，例如在生物学和医学中的应用、在心理和行为科学中的应用、在知识创新和学科建构中的应用、在工程技术科学中的应用、在文化教育领域中的应用，等等。

本书作者在神经科学和认知科学领域中是初学者，在工程技术科学和人文社会科学领域中知识很少，书中一定有错误和缺点，请各方面专家对新手的无知给以宽容并且不吝指教，也请广大读者对本书的不足之处提出批评和建议。

本书是浙江省科技厅资助完成的研究成果。

目　　录

Contents

Part II General integratics

Part III Applications of general integratics

第一篇 脑的集成现象和脑的集成理论

脑是自然界最复杂的系统，脑的活动是自然界最复杂的物质运动形式。根据脑的大量实验事实，可以了解脑内的集成现象，并且研究脑的集成理论。

这一篇从脑的实验事实出发，说明脑是集成的统一体，并且进一步考察脑内存在的各种形式的集成作用和集成过程。在此基础上，提出建立一门研究脑的集成现象和原理的学科——脑集成论，同时还提出建立神经集成论和仿脑学两门学科。

这一篇的第一章讨论集成的脑，第二章讨论脑的集成，第三章提出神经集成论、脑集成论和仿脑学。

第一章 集成的脑

我们首先来考察自然界最复杂的系统——人脑。

脑具有层次性结构：从生物大分子、基因、亚细胞结构、神经细胞（神经元与神经胶质细胞）、神经元簇、神经回路到功能专一性脑区、脑功能系统和脑的整体。脑内这些不同层次的结构和它们的功能是脑整体活动的基础。对于脑这个复杂系统，需要从各个层次来研究其结构、功能和工作原理。

脑的复杂性不但表现在脑的层次的复杂性、脑的结构的复杂性、脑的功能的复杂性、脑内网络的复杂性、脑内通信的复杂性、脑和环境相互作用的复杂性，而且表现在丰富多彩的脑的高级功能——心智现象的复杂性以及人的行为的复杂性。

这一章讨论集成的脑，从脑的结构和功能、脑复杂网络和脑内通信、脑的活动和能量消耗等方面介绍脑的一些实验事实，说明脑是集成的统一体。

1.1 脑的结构和功能

脑的许多层次可以大致划分为微观、介观和宏观三个不同的水平。从小的方面到大的方面看，微观水平包括分子、亚细胞结构和神经细胞，介观水平包括神经元簇和神经回路，宏观水平包括功能专一性脑区、脑功能系统和脑的整体。这里所说的微观和物理学中微观的含义不同，是指分子和细胞。

脑内这些不同水平的神经结构具有不同的空间尺度。脑的微观水平、介观水平和宏观水平神经结构的空间尺度相差很大，例如神经细胞的细胞体的数量级大致是 10^{-6} 米，功能专一性脑区的数量级大致是 10^{-2} 米。脑内这些不同水平的神经结构的活动过程具有不同的时间尺度。脑的微观水平、介观水平和宏观水平的神经活动过程的时间尺度相差很大，例如神经元电脉冲的数量级大致是 10^{-3} 秒，脑功能系统活动的数量级大致是 10^{-1} 秒。

在实验上可以用多种技术研究脑的这些不同水平的结构和功能，例如分子神经生物学技术、神经遗传学技术、神经解剖学技术、神经电生理技术、显微成像技术、脑结构成像技术、脑功能成像技术等。

脑功能成像技术用于脑的宏观水平的功能研究，能够对脑的功能活动进行无创伤的、动态的成像，如功能核磁共振成像（fMRI，functional Magnetic Resonance Imaging）、单光子发射断层成像（SPECT，Single Photon Emisson Computerized Tomography）、正电子发射断层成像（PET，Positron Emisson Computerized Tomography）、脑电成像（EEG，Electro-encephalograph）和事件相关电位测量（ERP，Event-related Potentials）、脑磁成像（MEG，Magneto-encephalograph）等。

神经科学在实验上对脑的结构和功能进行过广泛的研究，不断取得新的进展，因此目前对脑有了相当多的了解（Purves et al 1997，Gazzaniga et al 1998，Kandel et al 2000，陈宜张 2008）。但是由于脑非常复杂，不清楚的问题至今还很多。

从微观水平来看，人脑大约有 10^{11} 个具有多自由度的神经元和数量更多的神经胶质细胞，神经元之间形成约 10^{14}—10^{15} 个突触联结。神经元有细胞核、细胞质、细胞膜和细胞骨架。神经元的细胞膜是镶嵌蛋白质的脂双层，膜上有许多由大分子蛋白质构成的复合体，如受体及离子通道。离子通道是细胞内外离子穿越细胞膜的通道。

　　神经元内部含有各种神经递质和神经调质。神经递质是在神经信号传递中起作用的化学物质，它们的种类很多，如乙酰胆碱、L－谷氨酸等。神经调质是调节神经细胞生化反应的化学物质，它们的种类也很多，如多巴胺、去甲肾上腺素等。

　　神经元具有多种多样的形态。它们有细胞体和许多分支结构：有大量的小分支即树突，神经元通过树突接收神经信号；通常有一根细长的纤维即轴突，神经元通过轴突传出神经信号。轴突有传导神经信号的功能，树突在神经信息处理中也有重要作用。张香桐（1997）很早就研究过树突的生理功能。

　　突触是一个神经元和另一神经元相互作用的部位。神经元通过大量的突触和其他神经元相互作用，一个神经元平均形成 10^3—10^4 个突触联结，因此神经元之间构成非常复杂的神经网络。突触部位具有动态性和可塑性，在神经信息处理中起重要的作用。

　　脑内神经胶质细胞的数量大约是神经元数量的十倍，它们不但对神经元起支持和营养作用，而且对神经元的活动起调节作用，影响神经元的功能。此外，神经胶质细胞释放的分子调节脑血管的收缩与舒张，使局部脑血流量的供应与神经活动的水平相适应（段树民 2008）。

　　脑的介观水平的神经结构和功能介于微观水平和宏观水平之间，是由微观水平过渡到宏观水平的桥梁。一些神经元和神经胶质细胞连接成介观的神经回路。神经回路的研究是当前神经科学研究热点之一。实验上对神经回路的分子和细胞机制以及神经回路的功能和可塑性进行过大量研究，理论上有神经回路的许多模型。弗利曼和 Liljenström 等对脑的介观水平的神经动力学有过专门的研究（弗利曼 2004；Liljenström，Århem 2008）。

　　从宏观水平来看，脑处于颅腔内，受到脑膜的保护，脑内有血管分布和血液循环，为脑正常的生理活动提供养料和带走废料。脑有复杂的结构，由大脑、间脑、中脑、小脑、脑桥、延髓等部分组成；中脑、脑桥和延髓合称脑干。脑和脊髓是神经系统的中枢部分，它们和周边神经构成身体内完整的神经系统。

大脑有左、右两个半球，其间有纤维连接。大脑表面凹凸不平，有许多皱褶。主要的沟回把大脑分为四个叶：额叶、顶叶、枕叶、颞叶以及脑岛。大脑有灰质和白质。大脑皮层是神经细胞集中处，它们形成灰质；大脑皮层下面是由神经纤维束组成的白质。脑细胞活动需要的氧和葡萄糖是由脑内血管通过血流供应的。

大脑皮层包括许多具有不同功能的专一性脑区，如视觉皮层区、听觉皮层区、躯体感觉皮层区、运动皮层区、大脑皮层的语言区，等等。这些功能专一性脑区组成脑的功能系统，例如接受、加工和储存信息的脑功能系统等；脑功能系统再组成整体的脑。

在脑功能系统方面，我们曾根据实验事实提出脑的四个功能系统学说。"脑的四个功能系统学说"（唐孝威，黄秉宪 2003）一文介绍了 Luria（1973）的脑的三个功能系统学说，并且阐述了在 Luria 学说基础上发展的脑的四个功能系统学说。下面引用该文在这方面的一些说明：

> Luria 对大量的脑损伤病人进行过临床观察和康复训练，观察到脑的一定部位的损伤会引起一定的心理功能的障碍；但脑的一种功能并不仅仅和某一部位相联系，脑的各个部位之间还有紧密的联系。Luria（1973）根据研究事实，把脑分成三个紧密联系的功能系统，并且提出脑的三个功能系统学说。
>
> Luria 在《神经心理学原理》一书中，阐明脑有以下三个功能系统：第一个系统是保证、调节紧张度和觉醒状态的功能系统，这个功能系统的相关脑区是脑干网状结构和边缘系统；第二个系统是接受、加工和储存信息的功能系统，这个功能系统的相关脑区是大脑皮层的枕叶、颞叶、顶叶等；第三个系统是制定程序、调节和控制心理活动与行为的功能系统，这个功能系统的相关脑区是大脑皮层的额叶等。人的行为和心理活动是这三个功能系统协同活动的结果。脑的三个功能系统的学说对了解脑的整体功能

有重要意义。

然而我们注意到，除了这三个功能系统外，评估和情绪等心理活动对于脑的整体功能同样是必不可少的。由于当时实验资料的限制，在 Luria 的学说中并没有包括与评估和情绪等心理活动有关的功能系统，而目前实验提供的大量事实则越来越表明这些心理活动的重要性。

从实验事实看，评估功能是在许多心理活动中普遍存在的（Edelman，Tononi 2000）。机体在进化过程中形成了适应个体和种系生存和发展要求的、对外界环境输入信息的意义进行评估的系统。在个体脑内先天的评估结构基础上，机体根据过去的经验和当前的需要形成评估的标准；评估系统将输入信息的意义与评估的标准进行比较，从而给出评估结果；个体由评估的结果对信息按重要程度决定取舍及处理，对可能作出的反应作出抉择；经评估和抉择作出的决定，通过调节、控制的功能系统对机体状态进行调控，并对外界环境作出反应（黄秉宪 2000）。

脑内信息处理过程的每一步都需要对信息进行评估，因此脑内评估是在心理活动中不断进行的。脑内评估系统具有可塑性，它的评估标准随着个体学习过程而形成和发展，并且不断发生变化。

脑内的评估－情绪功能系统与 Luria 提出的第二、第三功能系统有类似的组织结构。它也是一个多层次的系统。

情绪系统是评估－情绪功能系统比较基础的一部分，它对情境的整体信息进行评估，并产生强烈的主观体验和反应。在脑的高级部位，评估系统能够对特殊的信息，甚至对具体思维结果作精确的评估。

脑内对外界信息进行评估的结果，还会引起个体的情绪体验：符合个体需要或愿望的信息，有肯定性的评估结果，并可能产生正的情绪体验；不符合个体需要或愿望的信息，有否定性的

7

评估结果，并可能产生负的情绪体验（Arnold 1960，Lazarus 1993）。

脑内杏仁核对奖惩相关的事件记忆起重要作用，所以杏仁核是与评估功能相关的脑区。中脑侧背盖区、黑质等处的多巴胺神经元能对预测的奖励与实际奖励的误差作出反应（Waelti et al 2001），这也可能是评估系统的部分。

边缘系统等与情绪功能有关的脑区（Le Doux 1996）也是评估－情绪功能系统的一部分。此外，前额叶的一部分可能是评估－情绪功能系统的高级部位。

为了弥补 Luria 的脑的三个功能系统学说没有涉及评估－情绪功能的不足，我们在三个功能系统的基础上，把评估－情绪功能系统列为脑的第四个功能系统。因为对信息意义进行评估以及由此产生情绪体验，是脑的基本功能，而前面提到的调节紧张度和觉醒状态的功能系统，接受、加工和储存信息的功能系统，以及编制程序和调节控制行为的功能系统，都没有包括评估和情绪的功能。评估－情绪系统有别于其他几个功能系统，所以有必要把它专门列为另一个功能系统。

在以上讨论的基础上，我们发展 Luria 的脑的三个功能系统学说，提出脑的四个功能系统学说，认为脑内存在四个相对独立而又紧密联系的功能系统，即：第一功能系统——保证、调节紧张度和觉醒状态，第二功能系统——接受、加工和储存信息，第三功能系统——制定程序、调节控制心理活动和行为，第四功能系统——评估信息和产生情绪体验。这四个功能系统集成为整体的脑，人的各种行为和心理活动，都是这四个功能系统相互作用和协同活动的结果。

从以上的说明可以看到，复杂的脑是集成的脑。

1.2　脑复杂网络和脑内通信

神经系统的重要特性是神经信号的传导和处理。神经电生理学在脑的微观水平上，对神经信号传导和处理进行过深入的研究（Purves et al 1997；顾凡及，梁培基 2007）。实验表明，一个神经元和同它有突触联结的另一个神经元的神经信号传递是通过电过程和化学过程的耦联而实现的。

神经元细胞膜上有对电压敏感的离子通道。神经元细胞内外液体中有各种离子，如钠离子、钾离子、氯离子等。在神经元处于静息状态时，细胞内外液体中离子成分和浓度不同，使细胞膜两侧存在电位差，细胞膜内的电位相对于细胞膜外为负电位，称为静息电位。

当神经元受到刺激而处于活动状态时，细胞膜外的钠离子选择性通透细胞膜，从膜外进入膜内，使细胞膜电位发生变化。这时产生的连续变化的电位称为分级电位。当膜电位的变化达到一定值时，产生持续时间短而波形和幅度不变的电脉冲，称为动作电位。这种由细胞膜的离子通透性变化造成的动作电位沿着神经元轴突单向传递。

一个神经元和同它有突触联结的另一个神经元的突触部位存在突触间隙。轴突末梢的细胞膜内有许多包含化学物质的囊泡，当动作电位脉冲传递到轴突末梢的突触前膜时，会使这些囊泡把其中的化学物质释放到突触间隙中，它们在突触间隙中扩散到达突触后另一神经元的细胞膜，与膜上特异性的受体结合，就会引起突触后神经元细胞膜的离子流动。

化学突触有不同的种类。有对突触后膜起兴奋性作用的兴奋性突触，还有对突触后膜起抑制性作用的抑制性突触。如果兴奋性突触后细胞膜的电位变化达到一定值，就引发突触后神经元的动作电位。

动作电位的特点是"全或无"，也就是说，要么不产生动作电位

(无)，要么产生动作电位，其波形和幅度维持不变（全）。在信号传输过程中动作电位脉冲幅度不会衰减。外界刺激可以使神经元中产生一连串动作电位，动作电位脉冲序列携带有关刺激特性的信息。

在脑的宏观水平上，脑内通信是在脑功能子系统集成的脑整体网络中进行的。我们曾在《脑功能原理》（唐孝威2003a）一书中对此进行过讨论。下面引用其中的几段说明：

神经解剖学和神经心理学为脑功能子系统提供了实验证明。人的躯体各部分的感受器分别投射到大脑感觉皮层的特定区域；而大脑运动皮层的特定区域则分别控制身体各部分的运动，因此感觉系统和运动系统分别有脑内精确定位的网络，以完成特定的功能。在高级功能方面，Broca 和 Wernicke 的研究表明，语言有一系列可分开的、可定位的子系统（Kandel et al 2000）。

Frackowiak 等（1997）指出，脑功能的分离与整合是一个基本的实验事实。一方面，脑由大量功能子系统组成，它们相对独立地进行信息加工（Zeki 1993），某一类脑损伤可能影响到一类脑功能，但其他脑功能则不受影响（McCarthy，Warrington 1990）。另一方面，脑功能子系统之间互相连接而形成整体的神经网络，脑的整体功能依赖于功能子系统之间的相互作用（Fuster 1997）。利用脑功能成像技术获得了大量实验资料，这些资料进一步表明，脑内存在许多功能分离而又相互协作的脑功能子系统。

脑内大量神经回路组成了具有不同功能的、相对独立而互相连接的功能子系统。一个功能子系统包括了完成同一功能的有关脑区。在各个功能子系统之间有连接通路，这些连接通路是以大量神经通路为基础的等效通路。许多功能子系统以不同方式广泛连接而形成脑的整体网络（黄秉宪2000）。（最近，许多研究者用功能核磁共振脑成像研究脑的自发血氧水平依赖性活动的网络模块组织［He et al 2009］。——引者注）

一个功能子系统可以用复杂的电子线路来等效地描述，这个电子线路对输入信号进行各种变换、组合、分析和记录。这里讨论的输入、输出神经信号，都是指脑内功能子系统之间传递的信号，而不是外界的物理刺激。这种等效电子线路除线路本身外，还包括：输入信号的输入端和输出信号的输出端，实现调控作用的多种门控结构，与其他功能子系统的等效连接通路，等等。一个功能子系统有输入端和门控输入，可以接受两类输入信号：一类输入信号通向输入端，引起功能子系统脑区激活；另一类输入信号通向门控输入，使功能子系统脑区的活动受到调控，例如抑制或增强。

一个功能子系统总有多个输入端，在简单讨论时可以只考虑只有一个输入端有信号输入而其他输入端无信号输入的情况。一个功能子系统还具有多个输出端，在简单讨论时可以只考虑其中一个输出端的输出，输出信号还可以反馈。功能子系统的门控结构类似于电子线路中的与门、非门、或门等，起甄别、符合、反符合等作用。例如在有抑制的门控作用时，功能子系统的输入信号受到抑制；在有符合的门控作用时，功能子系统的输入信号得到增强。一个功能子系统与其他功能子系统之间由等效连接通路广泛连接，这些连接通路是整个系统不可缺少的组成部分。

近年来，脑的默认网络（default mode network）引起广泛的关注。我们在"意识全局工作空间的扩展理论"（宋晓兰，唐孝威 2008）一文中曾介绍过脑的默认网络，这里引用该文几段说明：

近年来一个普遍得到证实的现象是，大脑的一部分区域，在静息或进行简单的被动感觉刺激任务时较进行主动的刺激－反应任务时更活跃（Shulman et al 1997；Raichle et al 2001；Raichle, Snyder 2007）。在完成各种加工外界刺激信息的任务状态下，这些脑区通常表现为负激活，并且空间分布非常一致，且无论是在静息态还是在任务状态下，这些脑区的自发低频血氧水平依赖性信号都有较强的时间相关性，即它们之间以功能连接（functional connectivity）的方式组成网络（Raichle et al 2001，Greicius et al 2003，Fransson 2005），被称为默认网络。其中扣带回后部/前楔叶，前额叶中部/扣带回前部腹侧是较为核心的两个区域。在静息状态下，这些脑区的能量代谢在全脑中最高（Raichle，Mintun 2006），提示这部分脑区在静息时进行着某些有组织的活动，而这种活动在外在任务时受到抑制，表现为负激活。

脑内存在的以功能连接方式组织起来的默认网络的活动模式，称为脑功能的默认活动模式（Raichle，Snyder 2007）。脑功能的默认活动模式表明，脑是一个高度自组织化的器官，在没有环境刺激时也在进行有规律的活动。上述默认网络是比较特殊的一个，根据其独立于任务的活动水平下降的特点，认为默认网络内脑区在静息时进行着某种与外界刺激无关的活动，这些活动可能与监控内外环境、形成自我意识、情景记忆提取以及维持大脑清醒的意识觉知状态等过程有关（Raichle，Snyder 2007）。

默认网络与一些和注意及工作记忆相关的脑区呈负相关关系（Fox et al 2005），且认知负荷对默认网络的活动强度具有调节作用，随任务难度增加，其活动水平下降（McKiernan et al 2003）。还有研究发现，默认网络的自发低频血氧水平依赖性信号与大脑后部广泛的感觉皮层，包括视觉、听觉、体感皮层活动呈负相关（Tian et al 2007），虽然这与Fox等人的结果有出入，但都提示了默认网络的活动与加工外部信息所需的大脑活动之间可能存在拮抗关系。

默认网络内脑区参与的过程相当广泛，根据与控制条件激活对比的结果，认为这些脑区可能涉及情景记忆（Greicius，Menon 2004）、自我参照加工（Northoff，Bermpohl 2004）、情绪加工（Maddock 1999）、主体感加工和第一人称视角加工（Vogeley et al 2004;

Gallagher，Frith 2003）以及维持意识觉知（Raichle et al 2001）等活动。由于静息时个体的认知加工的复杂性，没有一个"任务"的激活可以同时"复制"出这些区域，因而无法给出默认网络静息态功能的直接证据。但稳定的负激活网络说明了这些复杂认知过程中存在的共性。从目前的研究证据看，这些区域远离相对较低级的感觉、运动皮层，其活动总是会受到外在刺激－反应任务的抑制，推测它可能进行着与外部刺激无关的内部信号的加工。

从以上的说明可以看到，在脑复杂网络和脑内通信方面，复杂的脑是集成的脑。为了进一步理解脑的整体同步性质及其信息传输和集成作用，人们正在研究神经网络上的雪崩和脑功能连接组学（Beggs，Plenz 2004；Biswal et al 2010）。

1.3　脑的活动和能量消耗

脑的活动包括生理活动和心理活动。脑内有血液循环、氧代谢、葡萄糖代谢等过程，同时有脑内神经电活动和神经化学反应等，这些都是脑的生理活动。脑有认知、学习、记忆、语言等高级功能，这些都是脑的心理活动。脑的生理活动和心理活动是紧密联系和统一的。

在脑区活动方面，我们曾讨论过脑区的激活和相互作用（唐孝威2003a），认为脑内功能子系统的一个基本特性是相关脑区的激活。一个功能子系统可以处于不同的状态，脑区静息的状态是功能子系统的基态，在脑活动时，功能子系统处于激活态。激活态有不同的激活程度。脑区激活是指有关脑区内部神经元的电活动以及与此相联系的生物化学反应。描述脑区激活的参量是激活水平，它是脑区激活程度的量度。激活水平反映相关脑区内部大量神经元活动的总和，包括神经元兴奋和抑制的总效应，也反映相关脑区内部生物化学反应及能量代谢的水平。

在同一个功能子系统内部，脑区激活有空间分布。在脑的系统水平上，我们只考虑功能子系统总的激活水平，而不讨论它内部细致的激活分布。

功能子系统的另一个基本特性是与其他功能子系统之间的相互作用。功能子系统之间互相传递神经信号，包括神经元的电信号以及生物化学信号。在脑整体网络中，各个功能子系统间复杂的相互作用是通过功能子系统间连接通路传递信号来实现的。这些信号是指脑内功能子系统间的信号，而不是原初的外界物理刺激。外界物理刺激先转换成神经信号，再送到有关的功能子系统的输入端。描述信号的参量是信号强度，包括信号的幅度与持续时间。输入信号引起功能子系统脑区的激活，脑区激活后会通过连接通路传递信号而与连接脑区作用。描述连接通路的参量是通路效能。

如果用激活与相互作用的观点考察脑功能子系统与脑整体网络，似乎可以对感觉、知觉、动作、注意、学习、记忆、意识等各种脑功能有一个大致统一的理解，例如：感觉器官是脑内感觉功能子系统与外界环境之间相互作用的输入界面，外界物理刺激在感受器中转换为神经信号而传输到脑内感觉功能子系统；知觉是感知觉功能子系统在自下而上与自上而下的信号作用下的激活与相互作用；运动器官是脑内运动功能子系统与外界环境之间相互作用的输出界面，脑内一些功能子系统的信号输入运动功能子系统，其输出信号作用于运动器官，产生并控制运动；注意是脑内控制系统与受控制的功能子系统相互作用，使受注意的功能子系统的激活通过符合作用而增强，并抑制其他不受注意的子系统；学习是脑功能子系统多次激活导致网络连接通路的易化；记忆的贮存是脑功能子系统内相关结构的形成，记忆的提取是这些结构的重新激活；意识和无意识的脑活动都是脑区激活与相互作用，而意识的涌现相当于在调节、控制系统作用下有关的脑功能子系统激活态的相变，等等。

从信息观点看，在脑功能活动中脑内进行着复杂的信息加工（黄秉宪 2000）。在脑的系统水平上，脑内信息的载体是脑功能子系统的脑区及其激活态。在脑内信息加工中，信息的获取、编码、贮存、提取、传递、变换、产生等过程都是通过脑区激活与相互作用实现的。

我们在"无意识活动与静息态脑能量消耗"（宋晓兰，陈飞燕，唐孝威 2007）一文中曾介绍过静息态脑的能量消耗的现象，下面引用该文几段说明：

近年来，脑功能成像技术的发展使我们可以研究各种不同条件下的脑能量消耗。研究发现，成人脑重量仅占身体总重量的2%，但其能量消耗却占全身总能量消耗的20%，是由其重量比例估算值的10倍。而当环境中存在需个体努力集中注意的刺激即个体处在任务状态中时，脑增加的能量消耗却不到总能量消耗的1%（Raichle，Mintun 2006），也就是说，大脑静息态能耗远远大于任务引起的能耗增加。

由此可见，脑在静息态下的"内禀"活动不仅表现为血氧水平依赖性信号的低频波动，还消耗着大量能量。脑不是只对环境刺激起反应的被动组织，而是时时刻刻进行着某种自组织的活动。有人指出，脑在静息态时的能耗80%以上被用于神经信号加工（Shulman et al 2004），我们认为这些"内禀"活动的实质是脑内信息加工过程。

以上讨论的是个体清醒并觉知的状态。实验给出，在意识状态发生改变的情况下，脑的能量消耗会发生改变。如药物引起的麻醉会使个体全脑葡萄糖代谢大幅度下降，由不同药物引起的麻醉引起的代谢下降从31%到68%不等（Alkire et al 1995，1997，1999）。另一项资料来自无觉知状态的植物人，一般认为植物人处于无意识状态（Laureys 2005）。研究发现植物人大脑能量代谢比控制组低30%—40%（Schiff et al 2002）。从外界刺激引起的脑反应来看，大部分研究结果表明植物人对刺激的反应仅限于较低级的感觉运动皮层，但也有个案研究发现有些植物人的脑对语言信息作出反应，从核磁共振功能成像实验数据看，有些植物人可以根据实验者的要求做心理表象的活动（Naccache 2006）。另外还有来自深度睡眠（慢波睡眠）的资料表明，在此阶段，脑代谢活动总体下降；同时，正电子发射断层成像和行为实验表明，深度睡眠阶段大脑进行着与巩固白天记忆以及加工白天遗漏的信息有关的活动（Miller et al 2007）。

有人提出过静息态脑的能量消耗现象几种可能的解释（Raichle 2006），例如这部分能量被用于静息状态下不受控制的自发的认知活动，如白日梦等。但是既然同属意识觉知部分，这部分能量消耗要超过任务状态下增加的能量消耗是说不通的。另一种解释是，这部分能量可能用于神经元之间兴奋性和抑制性联结的平衡，这可能是大脑自发的自组织活动的一个原因（Buzsáki 2007），但这种解释没有确切的证据。第三种解释看起来较为合理，即这种内在固有的活动是在不断地进行着信息的保持以更好地应对环境的变化。尽管提出过这些解释，但是至今还不了解静息态脑能量消耗的本质，因此有人借用天文学中的名词，称它为脑的"暗能量"（Raichle 2006）。

我们曾对静息态脑的能量消耗的机制提出一种解释（宋晓兰，陈飞燕，唐孝威2007），认为静息态脑内大量能量的消耗，除了如 Raichle 和 Mintun（2006）所说的用于神经细胞的修复、蛋白质运输等过程外，大部分用于无意识加工过程，其中主要是在没有外界任务情况下自发产生的无意识加工过程，它们包括了上面提到的为应对环境变化做准备的过程。这些加工过程并不随着外界任务的出现即注意资源的大量占用而停止。

我们指出，无意识活动的内容虽然不被觉知，但相关的脑区处于激发态，只是其激发的水平比较低，没有到达意识阈值。这些激发脑区的信息加工活动是消耗能量的，虽然单个脑区消耗的能量水平较低，但因为存在大量的、并行地自发进行的无意识活动，就造成了持续不断的高的能量消耗。

在这个意义上，在没有外界任务的情况下，大脑也并没有休息（Miall，Robertson 2006），而是一直处于活动状态。相对于外界任务引起的瞬时"激活"而言，静息态的"基线"活动是持续不断的（Gusnard，Raichle 2001），脑进行着的持续不断的信息加工，即我们指出的无意识加工。

从脑的活动和能量消耗来看，脑的工作是在脑内物质集成、能量集成、信息集成等集成过程中实现的，复杂的脑是集成的脑。

第二章　脑的集成

上一章介绍脑科学的基础知识，通过脑与心智的一些实验事实，说明脑是集成的脑。这一章则根据脑与心智的一些实验事实，说明脑的集成现象。

集成的脑和脑的集成是紧密联系着的。这一章和上一章讨论内容的不同之处在于：上一章用集成的观点说明脑是集成的统一体，这一章则用集成的观点说明脑内各种集成现象，特别是各种集成作用和集成过程。

脑内集成是一个动态过程，是脑内各部分集成为脑统一体的过程，这种过程是随时间发展的，是通过脑内相互作用以及脑与环境相互作用实现的。脑的各种相互作用不但将脑内各部分集成为统一的整体的脑，而且还由神经系统将身体各个生理系统和各种器官集成为统一的整体的身体。

Sherrington 对中枢神经系统的集成作用进行了开创性研究。他在《神经系统的整合作用》(Sherrington 1906) 一书中详细讨论了脊髓反射作用，阐述了神经系统不同层次的整合作用。他提出了"中枢神经系统的作用在于整合作用"的著名论断。整合就是本书所说的集成。

脑内有许多不同种类的集成作用和集成过程，下面几节分别考察脑的结构与功能集成、脑的信息集成和脑的心理集成。

2.1 脑的结构与功能集成

这一节从脑的结构与功能方面讨论脑的集成作用和集成过程。结构集成指脑结构方面的集成作用和集成过程，功能集成指脑功能方面的集成作用和集成过程。在生物学中，结构是功能的基础，要了解功能就得了解结构。脑的结构集成和功能集成有紧密的联系，结构集成为功能集成提供基础，而功能集成又促进结构集成。

脑的结构集成和功能集成是在不同的时间尺度上进行的，这些时间尺度有很大的跨度。从种系的进化过程来说，脑的集成过程的时间尺度是数十万年到数百万年以上。从个体一生发育和生长过程来说，脑的集成过程的时间尺度是数十年到百年以上。从个体生命的一定阶段的学习过程来说，脑的集成过程的时间尺度是数天到数年。从个体的某种心智活动过程来说，脑的集成过程的时间尺度是数十毫秒到数十秒。下面着重从脑的进化过程和脑的发育过程来说明脑的结构集成和功能集成。

经过长期进化过程中的自然选择，特别是由于劳动，人类不但发展了对生存有意义的神经结构，而且逐渐形成了复杂的脑功能系统。Eccles在《脑的进化》（埃克尔斯 2004）一书中对脑的进化进行了详细的阐述。大量事实表明，人脑的结构和功能是在长期进化中逐步发展的，进化过程是脑的集成过程，今天的人脑是长期集成作用和集成过程的产物。

复杂的脑是由数量巨大的神经元和神经胶质细胞构成的，它们是怎样集成为整体的脑呢？Purves 等（1997）在《神经科学》一书中给出了关于脑的发育的许多资料，说明从胚胎到成人的脑，脑的发育涉及神经系统的分化、脑的节段化、神经元的迁移、突触的形成、神经回路的构建等复杂的过程。表明在脑的发育中存在各种集成现象，个体脑发育过程是脑的集成过程。

前面提到，脑是具有许多层次的复杂系统。在生物大分子和神经细胞到整体脑之间，存在许多个中间层次。由神经元和神经胶质细胞集成为不同的中间层次的结构，中间层次结构又集成为整体的脑。

脑具有可塑性。在脑的不同层次和不同方面，脑的可塑性有不同的表现，它们分别具有不同的时间特性和空间特性。下面分别讨论突触的可塑性、脑区的可塑性、脑内网络的可塑性，以及损伤脑区的可塑性。

突触具有可塑性。实验表明，当一个神经元的突触传递兴奋信号且突触后神经元同时发放时，这个突触的连接强度增加（Hebb 1949）。突触连接强度在神经活动中发生改变的特性称为突触可塑性，突触的可塑性是脑内网络可塑性的微观基础。

脑区具有可塑性。对一个脑区来说，每次激活都导致这个脑区以及它和其他脑区间连接的变化。例如某种长时间的训练使大脑皮层中与训练相关的区域发生重组，在一定情况下，相关区域的皮层会增大。

脑复杂网络具有可塑性。脑区及其连接的可塑性使得脑复杂网络是可塑的。实验表明，实践活动对脑内网络的发展有重要影响，例如训练过程使脑内网络发生变化。脑内网络的可塑性是学习和记忆的基础。

从脑的发育来说，在新生儿发育过程中，脑内神经元的轴突和树突快速增长，脑的重量不断增加。儿童期和青少年期的脑也不断发展，脑内网络越来越复杂。Posner 和 Rothbart（2006）曾研究过儿童发育中脑内注意网络的发展过程。

感觉器官损伤的研究表明，如果某种外周感觉器官受到损伤，大脑皮层中与损伤器官对应的区域会发生重组，使它不再具有原来的功能，而是逐渐发展成感知或处理其他感觉信息的系统，这说明大脑皮层具有很强的可塑性。

损伤脑区也具有可塑性。如果大脑皮层中某种功能区域发生局部的损伤，通过康复之后，受损伤脑区的功能可以部分地由其他脑区代偿，也就是说，执行原来功能的系统可能会转移到其他脑区。

总之，脑在不断进行塑造，脑的塑造过程是脑的结构与功能的集成过程。

2.2 脑的信息集成

脑是处理信息的器官，脑内通信是脑的重要特性。脑的信息集成是脑内集成作用和集成过程的一个重要方面，脑内大量不同的信息集成为整体信息。这一节从脑的信息处理方面讨论脑的集成作用和集成过程。

脑的信息集成和上一节讨论的脑的结构集成和功能集成有密切的联系。脑的信息集成和脑的结构集成的关系是：脑的结构集成是脑的信息集成的基础。脑的结构是为实现脑内信息加工而构筑的。除脑内神经细胞组成神经回路外，脑内神经细胞之间可以有远程的连接，这些神经连接有精确的空间分布，为脑的信息集成提供了结构上的基础。

脑的信息集成和脑的功能集成的关系是：脑的信息集成是脑的功能集成的基础，脑的许多功能集成由脑的信息集成过程实现。Sherrington（1906）指出，神经系统的整合作用是通过神经信号的传导完成的。神经信号可以快速传导，而且神经传导有精确的时间分布。

在单个神经元的水平上，一个神经元能够将输入的兴奋性信号和抑制性信号集成为统一的反应。下面引用 Kandel 等（2000）在《神经科学原理》一书中对神经信号集成的说明：

> 由单个突触前神经元产生的突触电位一般比较小，不足以使突触后神经细胞激发到形成动作电位的阈值。但大脑皮层的每一个神经元不断接收来自其他神经元的许多输入信号，有些信号是兴奋性的，其他是抑制性的。有些信号强度较大，另一些信号强度较弱。这些输入信号与神经元树突的不同部位相接触，它们可以互相增强或抵消。
>
> 当突触后细胞接收兴奋性输入时，可能也接收抑制性输入。抑制性输入会阻止动作电位的产生。任何一个兴奋性突触或抑制性

突触的输入的总效应是由许多因素决定的，如突触的位置、大小和形状，以及其他突触的邻近程度和相对强度等。

在突触后神经元中，通过神经元集成的过程，将一些竞争性的输入进行集成。这种神经元集成是整体神经系统面临的决策任务在细胞水平的反映。也就是说，在任一时刻，一个神经细胞要对动作电位发放或不发放作出决定。Sherrington 把神经系统由竞争性抉择作出决定的活动称为神经系统的集成作用。他把决策看做是脑最基本的特性之一（Sherrington 1906）。

脑内神经信息的编码问题，即神经信息在脑内如何编码、表达和加工的问题，是脑内信息集成的基本问题之一。我们在"神经元簇的层次性联合编码假设"（唐孝威等 2001）一文中曾经探讨过神经元簇的信息编码，下面引用该文的部分内容：

> 脑的信息编码研究由来已久，从 1949 年 Hebb 提出的经典细胞群假设（Hebb 1949），到 1972 年 Barlow 的单个神经元的编码假设（Barlow 1972），以及 1996 年 Fujii 等人提出的动态神经元集群时空编码假设（Fujii et al 1996），不同观点间的争论始终在进行。其中争论的一个重要问题是：是单个神经元还是神经元集群编码刺激信息？是神经元动作电位出现的明确时间还是脉冲的平均发放速率携带信息？由于神经系统的高度复杂性，利用现有的实验手段还不能彻底解决神经信息编码原理，目前已有的几种神经编码理论在解释神经系统工作原理方面都存在不同层次的困难。
>
> 神经生物学实验表明，神经系统处理信息具有几个明显特点。首先是多样性，即可以辨认同一目标的不同形态，例如对人的不同表情或不同年龄的同一张人脸的模式识别，以及对其他的同属一类但形态、大小和颜色各异的物体的识别等；其次是鲁棒性，即个别神经元的死亡及损伤并不导致相关神经信息的丢失；

另外是层次性，即对刺激信息的处理分特征层次和抽象层次，例如祖母的各个细节与祖母这个抽象概念是两个不同层次。

Barlow 单个神经元编码假设的基本点是：平均发放速率编码假设、最优刺激概念、单个神经元等于单个功能及功能连续性假设。Barlow 理论在高级认知功能方面的直接扩展就是祖母细胞假设。该编码理论的明显困难是组合爆炸，困难的根源在于其基本假设：需要存在代表客观事物多个特征及属性之间各种组合的编码细胞，但有限的脑细胞不足以满足这种需要。就像 von der Malsburg（1981）曾指出的那样，该理论产生的困难比其能解决的问题还多。另外，单个神经元编码理论也无法解决鲁棒性问题，即大脑中认知细胞的产生和消亡带来的记忆管理问题。

Hebb 经典细胞群假设面临两个密切相关的困难：重叠困难和绑定问题。重叠困难指两个刺激同时到达时，由于该理论基于细胞群内的所有神经元平均发放速率的增加来识别一个编码群，故引起无法分辨这两个细胞群的问题。重叠困难的根本原因是 Hebb 经典细胞群缺乏内部结构，而所要表达的外界知识是有层次和结构的。绑定问题是皮层内整合多个平行通路中的信息时出现的困难，例如红色圆圈和绿色三角形同时呈现在视场时，脑中颜色区中代表红色和绿色的细胞群同时兴奋，而形状脑区中代表圆圈和三角形的细胞群的平均发放率亦同时提高，在 Hebb 经典细胞群框架下，无法完成正确的绑定。

除以上两种主要编码理论外，还存在其他一些有一定影响的学说，例如 Tanaka 和 Fujita 为代表的图元假说、von der Malsburg 的同步振荡编码、位置编码理论、时间编码假说，以及近年来引起广泛关注的动态神经元集群时空编码理论，等等。需要指出的是，有确定的神经生物学实验证明，即使对同一皮层区也存在完全不同的编码范式，所以我们不排除在同一脑区存在两种以上编码的可能性。

　　为了克服目前几种编码理论的困难并解释更多的实验事实，我们提出一个新的假设，它融合了祖母细胞假设和 Hebb 经典细胞群编码假设的优点，称为神经元簇的层次性联合编码假设。我们认为神经编码的基本单元是神经元簇，一个神经元簇由一群功能和定位都比较接近的神经元构成；每个神经元簇有选择性的特征表达，对该特征刺激反应最强烈，而对其他刺激的反应随该刺激与最优刺激间的差距而减弱；参与编码的神经元簇具有等级性，存在编码抽象概念的神经元簇及编码具体属性的神经元簇；神经元簇编码的一个基本性质是联合表征，即不同层次的神经元簇可以被绑定在一起共同表达复杂刺激。

　　这个假设的建立除考虑了前述神经系统处理信息的几个特点外，还基于下列实验事实：（1）皮层存在功能柱结构，位于同一功能柱内的皮层神经元对某一特定的传入刺激有相似的放电反应；（2）嗅觉功能柱对某种气味分子存在最大反应，而且对相近的分子具有一反应灵敏范围。其他功能柱也有类似的特性。但最优刺激响应神经元簇与非最优响应神经元簇之间的关系，尚需深入研究。

　　神经元簇的概念显然与祖母细胞不同，因为基本单元是神经元簇，而不是单个神经元；它也与 Hebb 经典细胞群含义不同，因为神经元簇有选择性特征表达，并有层次性联合编码，而 Hebb 经典细胞群是一些以解剖学联结为基础，以相关发放为指导而组织起来的一个神经元集群。虽然在某些方面神经元簇类似 Hebb 经典细胞群，但神经元簇的识别依据一定时间窗口（例如 100 ms）内部成员的共同活动即发放率的同时增加来完成，神经元簇内所有神经细胞的解剖位置和功能都非常相似。

　　神经元簇的层次性联合编码的优点是可以避免目前几种编码假设的困难。首先可以解决鲁棒性问题。由于每个神经元簇含有相当多个（例如 10^3 个或更多）神经元，个别神经元的损毁或死亡不会影响整个神经元簇对其特定刺激的表达。其次，神经元簇编码假设神经元簇具有内部结构，具有多个特征及属性的复杂事物可以激活代表各个不同特征和属性的一群神经元簇，它们的恰当绑定共同编码该复杂刺激。联合表征需要特定绑定，特定绑定的一个可能解决方案是更高级脑区的选择性注意机制。至于是否需要由同步振荡进行绑定，还要进一步研究。另外，这种联合表征可以在不同层次间进行，即编码抽象概念的神经元簇及编码具体属性的神经元簇可联合表达各种复杂事物。最后，在神经元簇编码假设中存在多个功能相似的神经元簇，可以解决多样性问题。例如祖母不同表情的脸，可由不同的神经元簇编码和联合表征。

在脑的整体水平上，《脑功能原理》（唐孝威 2003a）一书曾讨论脑区激活和相互作用中神经信号的集成作用：（1）未激活脑区在不接受输入信号时，保持其原来状态；激活脑区在不接受输入信号时，其激活水平随时间衰减；（2）输入信号使脑区激活，脑区激活水平随输入信号强度的增大而提高；（3）激活脑区输出信号到达连接脑区，信号强度随激活脑区激活水平的升高而增大，并随连接通路效能的提高而增大；（4）激活脑区对连接脑区作用，使它们之间连接通路的效能提高，连接脑区又反作用于前面脑区。

此外还要提到脑的集成作用和集成过程的另一个方面，即脑、身体与环境的集成。脑不是孤立存在的封闭系统，而是处于身体与环境之中的开放系统，环境包括个体所处的自然环境和社会环境。

脑、身体与环境不能分离，心－脑－身系统不断地与自然环境和社会环境相互作用，并在相互作用中不断地塑造脑与心智。在认知科学中，曾经有几种不同的观点研究心－脑系统和环境的作用，如具身的观点（Lakoff，Johnson 1999）、情境的观点（Brooks 1999）、动力系统的观点（Thompson，Varela 2001）等。脑、身体与环境之间的各种相互作用促进了脑、身体与环境的集成。

2.3　脑的心理集成

　　心智活动是脑的高级功能。脑的心理集成是指脑内心智活动的集成作用和集成过程。我们在《心智的无意识活动》(唐孝威 2008a) 一书中提出，觉醒注意成分、认知成分、情感成分和意志成分以及这些成分之间的相互作用构成心智的整体。该书曾对心智活动有如下的说明：

　　　　心智有觉醒注意成分。一定的觉醒是心智活动的基础，个体觉醒才会有各种主观体验。觉醒可以处于不同的程度，反映个体心智的整体觉醒状况。个体的觉醒程度是随时间变动的。觉醒与心智的其他成分有关，如觉醒程度受情感影响，也与意向有关。

　　　　心智有认知成分。个体的主观体验有具体的内容。在认知过程中，个体知道自己觉知的是什么，在此基础上，还知道觉知内容所具有的意义。认知过程有信息加工，心智的内容是脑内加工的各种信息以及信息的意义，其中包括脑接收的内、外环境输入的信息和脑发出的支配动作的输出信息等。

　　　　在认知方面，感觉、知觉、记忆、注意、思维、语言等都属于心智活动。感觉是客观事物作用于感觉器官，而在脑中产生的对事物的个别属性的认识。知觉是客观事物在脑中产生的对事物整体的认识。记忆是脑对外界输入信息进行编码、存储和提取的过程。记忆是心智活动的重要方面，个体既有对当前信息进行加工的短时的工作记忆，还有长时存储的长时记忆。按存储信息的性质，长时记忆有情景记忆和语义记忆。注意是心理活动对一定对象的指向和集中。思维是脑对信息进行分析、综合、比较、抽象和概括的过程。语言是人类用来交流思想的符号系统，语言过程是一种心智活动。

心智还有情感成分和意志成分。个体在情绪和情感方面的主观体验以及在意志方面的主观体验都具有心理学的意义。情绪和情感是人对客观事物的态度体验和相应的行为反应。意志是有意识地支配和调节行为，并且通过克服困难实现预定目标的心理过程；个体总是对自己的活动有意向。

自我意识包括自我认知、自我体验、自我控制等。自我认知是人对自己的洞察和理解。自我体验是伴随自我认知而产生的内心体验。自我控制是自我意识在行为上的表现。

从上面一些说明，可以看到心智的多样性和复杂性。心智的各种成分之间有紧密的联系，心理集成是通过这些成分之间的相互作用而实现的。上一章中介绍了脑的四个功能系统，这里说明心智的各种成分和脑的功能系统的关系，以及它们之间的相互作用。以下文字引自《统一框架下的心理学与认知理论》（唐孝威 2007）一书：

脑的四个功能系统不是孤立、无关的，它们之间存在相互作用。它们各自的功能活动以及它们之间的相互作用和协调工作，形成了脑的整体活动。上面提到心智的四种主要成分，即心理的觉醒注意成分、认知成分、情感成分和意志成分，这些心理活动成分和它们之间的相互作用组成整体的心理活动。心理活动四种主要成分和脑的四个功能系统之间有密切的关系。

脑的四个功能系统及其相互作用是心理活动成分以及它们之间相互作用的物质基础。心理的觉醒注意成分主要基于脑的第一功能系统的活动。心理的认知成分主要基于脑的第二功能系统的活动。心理的意志成分主要基于脑的第三功能系统的活动。心理的情感成分主要基于脑的第四功能系统的活动。

心理活动各种成分之间的相互作用都分别有其脑机制。心理活动的觉醒注意成分和其他心理成分之间的相互作用，主要是通过脑的第一功能系统和脑的其他几个功能系统之间的相互作用来实现的。脑的第一功能系统保证、调节紧张度和觉醒状态，它为脑的其他几个功能系统的各种活动提供基础，而脑的其他几个功能系统的活动则会影响脑的第一功能系统的功能。

心理活动的认知成分和其他心理成分之间的相互作用，主要是通过脑的第二功能系统和脑的其他几个功能系统之间的相互作用来实现的。脑的第二功能系统接受、加工和储存信息。信息加工的结果会影响其他几个功能系统的活动，而脑的其他几个功能系统的活动则对脑的第二功能系统的功能有影响。

心理活动的意志成分和其他心理成分之间的相互作用，主要是通过脑的第三功能系统和脑的其他几个功能系统之间的相互作用来实现的。脑的第三功能系统有制定行为程序的功能，还有进行预测和执行行动等功能。它对脑的其他几个功能系统的活动起调节和控制作用，而脑的其他几个功能系统的活动则会影响脑的第三功能系统的功能。

心理活动的情感成分和其他心理成分之间的相互作用，主要是通过脑的第四功能系统和脑的其他几个功能系统之间的相互作用来实现的。脑的第四功能系统有评估信息和产生情绪体验的功能。

评估－情绪功能系统和保证、调节紧张度与觉醒状态的功能系统之间的相互作用表现为：后者为脑的第四功能系统的活动提供基础，而脑的第四功能系统对信息评估的结果，以及由此产生的情绪体验和作出的反应，则会影响调节紧张度和觉醒状态的功能系统的活动。

评估－情绪功能系统和脑的第二功能系统之间的相互作用表现为：接受、加工和储存信息的功能系统为评估－情绪功能系统提供资料，而在接受、加工和储存信息的过程中又不断进行着评估。评估过程涉及对客观事件的感知、对事件意义的解释、对个体过去经验的提取以及事件信息与储存信息之间的比较等。评估－情绪系统的评估结果和情绪体验会影响接受、加工和储存信息的过程。

评估－情绪功能系统和脑的第三功能系统之间的相互作用表现为：评估功能系统的评估结果是编制程序、调节和控制的功能活动的前提；评估功能系统对信息的意义进行评估，选择其中对个体有重要意义的信息，送到编制程序、调节和控制的功能系统，指导它完成调控任务，使后者起调节和控制心理活动与行为的作用，达到期望的最终目标；而脑的第三功能系统则影响评估过程的进行，并且进一步改变情绪体验。

在每一种心智活动中都有许多集成过程，下面以感知觉作为例子。人的感知觉是基本的心理过程。外界事物的物理刺激作用于人的感觉器官，转换为神经脉冲，它们由周边神经系统传送到脑，引起相关脑区的激活，当脑区激活水平达到一定值时，产生相应的感觉体验。外界事物的物理刺激是客观的物理事件，身体内部的神经传递和脑区激活是人体的生理活动，人的感觉体验是主观的心理活动。

对于个体来说，感觉器官接受的各种物理刺激都是信息，事物的信息在脑内进行加工。通过脑内的信息加工和意识活动，对有关信息作出解释，有对信息意义的理解。信息产生主观体验，但信息和主观体验不同。脑内将多种信息综合的过程是信息集成，而通过信息加工和意识活动将多种主观体验形成整体主观体验的过程是心理集成。信息集成是心理集成的基础，但心理集成不同于信息集成，心理集成的主观体验具有心理学的意义。

前面提到，心理学中把感觉定义为对客观事物具体特性的体验，把知觉定义为对客观事物整体特性的体验。在感知觉过程中有心理集成现象，下面举一个视知觉的简单例子：看一个红色的小球在一个平台上某处朝一个方向运动。一个物体有各种不同的属性，如物体形状的属性、物体颜色的属性、物体位置的属性、物体运动的属性等。这些不同的属性分别引起不同的主观体验，有对物体形状是小球的主观体验，有对物体颜色是红色的主观体验，有对物体位置是在平台上的主观体验，以及有对物体朝一个方向运动的主观体验等。

人知觉到的并不是物体许多孤立的特性，而是物体的整体特性，也就是说，人把上述各种不同的主观体验集成为一个整体的主观体验，例如知觉到一个红色小球在平台上朝一个方向运动的整体体验。心理学把人对物体各种不同体验集成为对物体的整体体验的现象称为绑定（binding）。体验绑定的意思是把各种体验捆绑在一起。上面的例子是视知觉的绑定。

人有眼、耳、鼻、舌、身等多种感觉器官，不同的感觉器官接收外界不同的刺激，通过不同的感觉通道将不同刺激产生的神经脉冲传到脑。视觉是人的多种感觉中的一种，此外还有听觉、嗅觉、触觉、味觉等不同感觉。在上面的例子中，如果这个运动的小球还发出各种声响，人会有对发声的运动小球的整体体验。这时除了对视觉通道接收刺激产生的体验集成为视知觉外，同时会将视觉通道刺激产生的体验和听觉通道刺激产生的体验集成起来。在日常生活中，当人同时接收多种刺激时，会把相应的多种感受综合起来。例如人在看艺术演出时，看到表演的动作，听到表演的音乐，这些视觉和听觉的体验综合起来，进一步形成对演出的感受。这是跨感觉通道的知觉绑定。

绑定是最常见的心理集成现象。心理学中研究得最多的是知觉绑定，实际上在心理活动的许多过程中都存在绑定。心理学家不但讨论知觉的绑定，而且讨论工作记忆的绑定。知觉过程和工作记忆过程不断交互作用，知觉绑定和工作记忆绑定是交织在一起的。

在脑科学中，对绑定的神经机制进行过许多研究。认为神经系统的信息处理，首先是由不同的神经细胞群分别检测外界刺激的特征，这称为特征检测。然后将各类神经细胞群分别处理的特征集成起来，实现特征绑定（Treisman，Sykes，Gelade 1977；Treisman，Gelade 1980）。例如客体的视觉信息包括时空信息和表面特征信息两方面，视觉系统有平行的腹侧通路和背侧通路，它们分别将不同的信息传递到顶叶和颞叶脑区进行集成（Underleider，Mishkin 1982）。

von der Malsburg（1981）等曾提出同步发放假设来解释知觉绑定，认为脑内神经活动存在振荡脉冲。对于一个知觉对象，它的各种不同的特征分别是由不同的神经细胞群检测的，而神经系统振荡脉冲的同步发放则把许多不同的神经细胞群分别加工的信息集成在一起，从而达到对许多种不同特征的绑定，形成统一的知觉。Eckhorn 等（1988）、Gray 等（1989）及 Singer 和 Gary（1995）对脑内 40 Hz 振荡进行实验研究，他们的工作为同步发放假设提供了一些初步的证据。

再以语言的集成现象作为例子。语言是人类不同于其他动物的特征之一，它是一种复杂的心智现象（Chomsky 1957，吕叔湘 1979，索绪尔 1980）。人理解语言和产生语言，分别包括各种不同性质的集成作用和集成过程。

个体理解语言的过程是：对自己获得的语言材料进行加工，同时提取原有的知识，把它们结合起来，在脑内构建这些语言材料的意义。在整个过程中，加工语言材料、提取原有知识，以及构建语言意义等，都需要脑内进行不同性质的集成。因此，理解语言是集成过程。

个体产生语言的过程是：整理自己的思想，确定自己要表达的内容，将思想转换成语言材料，并且输出语言。在整个过程中，整理思想、确定表达内容，以及转换成语言等，都需要脑内进行不同性质的集成。因此，产生语言是集成过程。

心理集成的内容丰富多彩，形式多种多样，后面第三篇中还将对心理集成现象的若干方面进行专门的讨论。

第三章 神经集成论、脑集成论
和仿脑学

前面两章分别讨论了集成的脑和脑的集成。这一章提出，为了深入研究神经系统和脑的集成现象的特性和规律及其应用，需要建立三门新的学科，即神经集成论、脑集成论和仿脑学。

神经集成论是研究神经系统集成现象的特性和规律及其应用的学科。脑集成论是研究脑内集成现象的特性和规律及其应用的学科。仿脑学是研究仿造脑的学科。

3.1 神经集成论

前面两章着重在脑的系统水平上讨论脑的集成现象。神经系统有许多层次，在神经系统的各个不同层次，都存在不同性质的集成作用和集成过程。Sherrington（1906）曾对神经系统的各种集成作用进行过系统的讨论。

在神经系统的微观水平上，Sherrington 讨论过突触的集成作用和单个神经元的集成作用，认为可以在突触和单个神经元水平来看整体脑的集成作用。在神经系统的较复杂层次，他讨论过脊髓的集成作用，认为中枢神经系统最基本的作用在于它的整合（即集成）作用。

突触的集成作用表现为：在突触处对许多输入进行集成，产生一个输出。Sherrington 说，每一个突触是一个协调机构。

单个神经元的集成作用表现为：一个运动神经元对兴奋输入和抑制输入进行集成，从而决定行为。Sherrington 说，单个神经元是集成作用的细胞基础。

脊髓的集成作用表现为：脊髓对兴奋过程和抑制过程进行集成，给出整合性的应答。Sherrington 说，反射是中枢神经系统的基本活动方式之一，反射是中枢神经系统集成作用的单元反应；脊髓反射是对各种输入协调的结果。

Sherrington 这些讨论都是关于神经系统不同层次的信号的集成。他说，神经系统集成作用的特点在于，它们不是通过细胞间的物质输运来实现，而是通过神经信号的传导来实现的。神经信号的集成是神经集成的一个重要方面，在这种过程中，集成作用把不同的神经信号集成起来产生总的输出，并使动物体集成为统一的整体。

必须指出，信息集成只是神经系统的一种集成过程，在神经系统中不仅存在大量的信息集成，而且还有结构集成和功能集成等其他集成过程。例如神经细胞集成为神经元簇以至神经回路的过程，就既有结构集成，又有功能集成。因此，研究神经系统的集成现象，不但要研究信息集成，还要研究结构集成和功能集成等各种集成过程。

总之，在神经系统的各个层次上，神经系统的各个部分，在它们所处的环境中，通过它们之间的相互作用，以及它们和环境之间的相互作用，组织成为协调活动的统一整体。在神经系统的不同层次，有不同的集成成分、集成作用和集成过程，分别形成不同层次的统一体。神经系统的不同层次都有多种集成过程，包括物质集成、能量集成、结构集成、功能集成、信息集成，等等。

在考察神经系统不同层次的各种集成作用和集成过程的实验事实的基础上，可以构建一门新的学科，我们把它定名为神经集成论。神经集成论是研究神经系统的集成现象的特性和规律及其应用的学科，它的英文名称是 neuro-integratics。神经集成论的重要概念是神经系统的集成作用和协调活动等。

3.2　脑集成论

在脑的宏观水平，功能专一性脑区、脑功能系统和整体脑等不同层次都存在大量的集成现象。

脑是集成的统一体。脑内不同层次和不同种类的集成成分，基于它们之间的各种相互作用，构成不同层次、不同形式、多种功能的集成体，最后集成为统一的、具有复杂结构和复杂功能的、协调活动的脑，涌现出丰富多彩的心智，并且产生多种多样的行为。

从整体的脑看，脑内有各个功能系统，它们是脑的集成成分，各个功能系统之间的相互作用是脑内的集成作用，脑所处的身体和体外环境是脑的集成环境；脑内的集成过程是脑内功能系统通过脑内集成作用以及脑、身体与环境的集成作用组织成为集成统一体的过程；脑内的集成过程是随时间发展的动态过程。

在脑的不同层次上，存在多种多样的集成过程，如物质集成、能量集成、结构集成、功能集成、信息集成，以至心理集成等。在考察这些集成过程的实验事实的基础上，可以构建一门新的学科，来研究脑内集成现象的特性和规律及其应用。我们把这门学科定名为脑集成论，它的英文名称是 brain integratics。更确切地说，这个学科可称为脑与心智集成论，它的英文名称是 brain-mind integratics。

脑是神经系统的一部分，神经集成论包含脑集成论，但是它们研究的侧重点不同。神经集成论侧重在神经系统的微观水平和介观水平上研究神经系统的集成现象和原理，而脑集成论则侧重在神经系统的宏观水平即整体脑及心理活动的水平上研究神经系统的集成现象和原理。

在 19 世纪以来神经科学发展的历史上，一些神经科学家曾经对脑功能是分区定位还是浑然一体的问题，进行过长期的争论。必须指出，我们讨论的脑集成论是在现代科学的基础上提出的理论，它和神经科学历史上出现过的关于脑功能浑然一体的学说是两回事。

19 世纪中期，Flourens（1960）曾提出脑功能的整体论（holistic theory）。20 世纪 20 年代末，Lashley（1929）提出脑的记忆的整合论（integrationism）。这两种学说是和脑功能定位论（localizationism）相对立的、关于脑功能非定位的两种代表性学说。

这两种学说认为，脑的各种具体功能都是整个大脑皮层浑然一体的功能，它们与整个大脑皮层的所有部分都有关系，而不是大脑皮层某个特殊部位的功能。这两种学说在神经科学历史上有过一定的影响，但是现代脑科学大量的脑功能成像实验，已经证明他们当时提出的观点并不全面。

我们讨论的脑集成论和上述两种学说完全不同。脑集成论和上述两种学说对整合一词有完全不同的理解：在脑集成论中，集成（或整合）一词是指脑内有关部分通过集成作用组成统一体，集成是脑内动态的组织过程；而在上述两种学说中，整合一词是"浑然一体"或"功能非定位"的同义词。确切地说，上述两种学说应当称为"脑的等能学说"，而不是称为"脑的整合学说"。

在神经科学发展的历史上，还有过不少与脑内集成现象有关的讨论。除了前面提到的 Sherrington（1906）关于中枢神经系统整合作用的研究外，还有 Luria（1973）关于脑的功能系统协同活动的观念、Treisman 等（1977，1980）关于注意整合作用的讨论、Crick（1984）关于视知觉整合的讨论，以及 Edelman 和 Tononi（2000）关于脑内整合作用的讨论等。它们都与脑内集成作用有关，但是这些与集成作用有关的工作是比较分散的，并不是关于脑的集成现象的集中的、系统的理论体系。脑集成论的一个任务是把各种与脑内集成现象有关的不同工作集成起来，构建统一的理论体系。

3.3 仿 脑 学

脑科学研究的问题很多，主要包括探测脑、认识脑、保护脑、开发脑和仿造脑等方面（唐孝威等 2006）。

探测脑是要无损伤地测量活体脑的结构和功能，以便深入地认识脑。认识脑是要揭示脑的结构和脑功能的本质，了解脑的工作原理与心智活动的规律。保护脑是要在认识脑的基础上预防和治疗脑的疾病，保护脑的健康。开发脑是要在认识脑的基础上开发脑的潜力，提高人的素质。仿造脑是要在认识脑的基础上开发具有人脑特点的高度智能化的计算机或机器，即"仿脑机器"。

我们提出一门专门研究仿造脑的学科，称它为仿脑学，把它的英文名称定为 brainics，由 "brain" 一词及词尾 "ics" 组成，后者是"具有这种性质"的意思。仿脑学是脑科学及认知科学与数学、信息科学、工程技术科学等学科的交叉学科，它是脑科学的一个分支学科。

自然界中多种多样的生物系统是人类进行科学技术研究时的模仿对象。目前已经有一门仿生学的学科，从事仿生学的学者观察自然界中各种不同的生物系统所具有的许多特殊的性质和本领，研究它们的原理和机制，并且把这些特性和原理应用到一些工程技术领域。他们发明模仿生物系统特性和原理的方法，发展模仿生物系统特性和原理的技术，制造模仿生物系统特性和原理的装置，为科学技术的创新服务。

仿脑学是仿生学的一个部分。仿脑学这门学科的任务是：研究脑的结构和功能以及研究脑的高级功能即心智活动，在人脑和人的心智活动中寻找可以参考的特性和原理，为工程技术提供新的设计思想和工作原理，从而发展模仿人脑的工程技术，如模仿人脑的智能技术和智能机器等。

神经系统、特别是脑以及心智活动中存在各种集成现象，这些集成现象的研究也是仿脑学研究的一个重要方面。神经集成论和脑集成论的理论为仿脑学中关于神经系统的集成研究和脑的集成研究提供了理论基础。在仿脑学研究中，要模仿脑和心智的集成现象的特性和原理，从而发明新的仿脑方法，发展新的仿脑技术和制造新的仿脑装置。

第二篇　一般集成论

上一篇讨论了脑的集成现象和脑的集成理论。这一篇进一步考察自然界、技术领域和人类社会的集成现象，从实验事实出发，分析不同领域中各种集成作用和集成过程的特性，归纳各种集成现象的一般性概念，构建一般集成论的理论。

这一篇的第四章考察不同领域的一些集成现象；第五章归纳和讨论各种集成现象的一些一般性概念，说明一般集成论的要点；第六章说明一般集成论的特点。

第四章 不同领域的集成现象

在考察了脑的不同层次的集成现象后，我们把目光从脑的领域转向许多其他领域。我们看到，不但在脑的不同层次存在着各种集成现象，而且在自然界、技术领域和人类社会中都广泛地存在着各种集成现象。这一章分别举出自然界、技术领域、学科交叉和人类社会的不同领域中不同性质的集成现象的一些例子。

4.1 自然界的集成现象

在自然界，无论是无生命的物理世界还是有生命的生物世界，以及高等动物的、以脑活动为物质基础的精神世界，都可以看到各种各样的集成过程。

物理世界有层次性结构。物理世界包括微观的物理世界、介观的物理世界、宏观的物理世界和宇观的物理世界。人们在日常生活里接触到的是宏观的物理世界，在宇观的物理世界中有各种天体和空间物质，微观的物理世界中有夸克、电子、原子核、原子等。介观的物理世界指介于宏观的物理世界和微观的物理世界之间的物理世界，例如一些原子集团（原子团簇），就是介于宏观物质和微观物质之间的介观物质。

在各个层次的物理世界里，有许多集成现象的例子。物理世界中有各种凝聚现象。原子、分子和电子建构成各种集成体，称为凝聚态。凝聚态物质按其空间尺度的不同，有属于介观的物理世界的，也有属于宏观的物理世界的。原子、分子和电子之间的相互作用决定了各种凝聚态物质的内部运动、内部结构、物理性能和外部特征。

在宇观的物理世界中，空间物质形成各种不同的集成体，例如星系是由恒星和星际物质建构成的集成体。恒星和星际物质之间的相互作用，如引力相互作用和电磁相互作用等，支配了星系内部的运动和结构，决定了星系的各种外部特征。

生物世界的层次性结构表现为：生物世界有生物分子、基因、亚细胞结构、细胞、多细胞生物、生物体器官、生物个体到整个生物界等不同层次。在生物世界的不同层次，都可以看到生物体的各种集成过程。

单个活细胞内部有亚细胞结构和细胞各种成分的集成。活细胞内外有物质运输和能量交换，这些是活细胞和外部环境集成的例子。

多细胞生物体由许多单个细胞集成，这里有细胞的集成，以及多个细胞和环境的集成。从生物有机体个体的内部来看，有结构集成、功能集成和信息集成等各种集成过程。

Sherrington（1906）曾经讨论过动物体内多方面集成。动物体内各种集成过程的例子有：由大量单个细胞集成为器官，又由各种器官集成为统一的动物个体，这是动物体内结构集成的例子；动物体内各种腺体协同活动，由化学作用实现动物体的集成，还通过血液循环在动物体内传送物质，这是动物体内功能集成的例子；此外，动物体内通过神经系统中神经信号的传导，使分散的器官统一为具有一致性的动物个体，这是动物体内信息集成的例子。

第二章中已经提到，在人的脑和心理活动方面，可以看到许多不同的集成过程。在个体的心理和环境相互作用中，输入是由人的感觉来实现的，输出是由人的运动来实现的。第二章介绍过感觉过程中的集成现象，下面来看运动过程中的集成现象。

人的运动器官能够受心理活动支配而实施各种各样的运动。身体的运动系统和神经系统都参与运动过程。在运动系统方面，有身体的肌肉、骨骼等许多部分的协调活动；在神经系统方面，有脊髓、脑干、丘脑、大脑皮层运动区、小脑、基底节等许多部分的协调活动。

即使是简单的运动，也要由神经系统和运动系统一起实现运动的执行和调控。至于复杂的运动，则更和许多因素有关，运动过程中动作种类的选择、运动方向的确定、施力大小的实现，以及运动精细程度的控制等，都需要运动的规划部分、运动的执行部分和运动的控制部分的参与，使运动规划、准备、执行、控制等各种功能协调配合。这是人的运动集成的过程。

以上一些例子说明，在物理世界、生物世界和精神世界中都存在集成现象。

4.2 技术领域的集成现象

在工程技术领域中，同样可以看到不同种类和不同性质的集成现象。

电子器件在现代技术中有广泛的应用，这方面大家都熟知集成元件和集成电路。电子器件和电路的设计和制造是集成过程的很好的例子。

在光学技术方面的例子是集成光学技术。在通信技术方面的例子是互联网集成技术。在计算机制造技术方面的例子是计算机集成制造系统，它是计算机技术、电子技术、信息技术、自动控制技术、机械技术和现代管理技术等多种技术集成的智能制造系统。

下面以核物理实验仪器的集成以及神经工程学脑－机接口的技术集成作为工程技术领域中集成现象的例子。

进行科学实验，需要实验仪器和实验技术。核物理实验仪器包括各种核探测器和核电子学仪器。在核物理实验中，用核探测器测量和记录核辐射，还用核电子学仪器分析和处理核探测器产生的信号，得到实验数据。核物理实验仪器是由大量的核探测器和核电子学仪器集成的。不同性能的探测元件和探测模块集成为各种核探测器，不同种类的单元电子线路集成为各种核电子学仪器。

电子线路的种类很多，如甄别器、放大器、门电路、扇入与扇出电路、符合线路、反符合线路、脉冲幅度分析器、脉冲时间分析器，等等。它们分别制备成标准化的单元电子线路。例如核电子学仪器中的甄别器，是具有对脉冲幅度进行甄别功能的电路。如果输入脉冲信号的幅度超过预设的值（称为甄别阈），电子线路就有输出信号；如果输入脉冲信号的幅度达不到甄别阈，电子线路就没有输出信号。甄别器是由电子元件按一定规则集成的。又如核电子学仪器中的放大器，是具有将脉冲幅度进行放大功能的电路。一个输入的脉冲信号，经过放大器后，输出的信号幅度增大；这种放大可以是线性放大，也可以是非线性放大。其他各种电子线路也都有各自的功能。这些电子线路都是由电子元件按不同的规则集成的。

各种单元电子线路都有标准化的构件，在使用时根据实际的需要进行逻辑设计，将不同种类的单元电子线路加以集成，再和各种核探测器一起集成为复杂的核物理实验仪器。大规模集成的核物理实验仪器能够对核反应事例进行选择、识别、分析、记录，在核物理实验中起重要的作用。

技术领域中集成现象的另一个例子是神经工程学中脑－机接口的技术集成。

神经工程学是神经科学和工程技术科学相结合的交叉学科。脑－机接口是用计算机从人心理活动时的脑电中提取信号，利用这些信息和外界环境进行交流，例如控制机器的运转，并且实现人意图要做的动作（Wolpaw et al 2002，Wickelgren 2003）。

通常用各种传感器或集成芯片作为与脑接口的器件，由它们在脑和外部设备之间建立交流的通道。在接收和转换人的脑电信号后，用计算机驱动的机械装置代替人的运动器官，并由机器实施动作。可以根据需要，分别利用不同的脑电信号来指挥机器不同类型的运作，作用于外界环境，以便进行通讯或控制等。

在一些实验室里，将这种技术为因患病（例如瘫痪）而肢体不能动作的病人服务。他们利用有关的装置，就能够进行收发电子邮件、开关电器设备、支配轮椅运动等操作，从而在一定程度上与外界环境进行通讯，或对机器实施控制。

脑－机接口技术涉及许多领域中的不同技术。其中用电极接收脑电信号，需要有生物学和心理学的实验技术；用计算机处理信号，需要有信息技术和计算机技术；用计算机驱动机械装置，需要有计算机技术和机械传动技术等。脑－机接口是通过这些技术的集成来实现的。

以上一些例子说明，在工程技术领域中存在着各种集成现象。

4.3　学科交叉的集成现象

现代科学技术发展的一个重要特征是各种不同学科的相互交叉、渗透和融合。在许多具体的科学领域中，深入细致的科学研究使学科高度分化和专业化；同时各个学科的研究需要其他相关学科的参与，通过学科之间的知识集成和技术集成，实现不同学科的交叉研究，并由此产生许多新兴的边缘学科。

学科交叉的例子非常多。以近代生物学和医学的研究为例，它们的发展非常迅速，它们和其他学科之间的交叉研究十分广泛。下面举医学中的医学物理学研究的例子来说明。

医学物理学是医学和物理学相结合的交叉学科，它包含的内容很广，其中核医学和放射治疗学是核物理学和核技术在医学中应用的两门学科。

核医学把核技术应用于医学的临床诊断，为人民健康服务。例如，把少量放射性核素或稳定核素标记的诊断药物注入病人体内，在体外用测量放射性核素的射线或稳定核素的特性的影像学仪器，测量诊断药物在病人体内的分布情况和代谢过程，可以达到诊断某些疾病的目的。常用的以^{18}F 核素标记的脱氧葡萄糖为诊断药物的正电子发射断层成像（PET–FDG）技术，在临床诊断恶性肿瘤方面起很大的作用。核医学领域需要核物理学、放射化学、医学、药理学、计算机科学等多种学科的知识集成和技术集成。

放射治疗学把核技术应用于医学的临床治疗，为人民健康服务。例如用加速器产生射线束，照射病人的肿瘤病灶，杀死肿瘤细胞，达到治疗疾病的目的。现代的质子或重离子治疗用加速器产生质子束或重离子束，其照射范围和照射强度都可以精密调节，在治疗肿瘤疾病方面起很好的作用。放射治疗学领域需要核物理学、加速器物理学、放射生物学、医学、计算机科学等多种学科的知识集成和技术集成。

在学科交叉中存在许多集成现象。学科交叉是复杂的集成过程，除有不同学科的知识集成和技术集成外，还有合作团队的集成、资源集成和管理集成等。

4.4 人类社会的集成现象

在人类社会中也可以看到许多不同的集成现象。下面举出社会团体、社会服务和社会智能等几个例子。

个体是家庭、学校、团体、社会的成员。个体处于家庭、学校、团体、社会等社会环境之中，不能脱离社会环境而孤立存在。社会集成表现为个体集成为集体，在一定的社会环境中生活和工作，并进行社会交往和活动，还受到所处的历史和文化环境的影响。

团队建设是社会中集成现象的一个例子。团队中的成员为着同一个目标，分工合作，互相配合，为社会服务。整个团队要发挥每个成员的积极性，形成和谐团结的集体，这就是团队的集成。

在社会的经济、文化、教育等领域中有多种多样的集成现象。在经济领域中有各种经济活动的集成，在文化领域中有不同文化的集成，在教育领域中有多元教育的集成。

社会服务集成的一个例子是医疗卫生服务的集成。我国正在建立农村三级医疗卫生服务网，并建设为农村服务的人口与健康科学数据共享平台。农村医疗卫生服务网的建立，是医疗卫生服务机构的集成。人口与健康科学数据共享平台的建设，使农村人口共享有关的科学数据资源，为提高农村人口整体的健康水平服务，这是医疗卫生信息资源的集成。

再以社会智能集成为例。人类智能活动具有社会性。人类社会中的许多智能活动是在由许多个体集成的集体的活动中实现的，因此就有社会智能集成。

戴汝为（2009）曾对社会智能进行过深入的研究。他指出："当今的社会是人类群体和以计算机为代表的机器群体共栖的社会，是人类与其赖以生存的自然界共存的社会，是人类各种思想意识碰撞以及各种思维方式互相激励、演化并进的社会。"他还说："创新，其主体是社会的人、人的群体以及科学团队，表现在工程创新上，它涉及众多学科和工程领域，当然首先体现为对工程创新团队的依赖。"

上面几节中举出了自然界、技术领域、学科交叉和人类社会中集成现象的几个例子。虽然例子数目不多，但是可以看到不同领域中集成现象的普遍性。

在自然界、技术领域、学科交叉和人类社会中，诸如原子的凝聚、动物的反射、电路的设计、学科的交叉、团队的合作等一些表面上看来不相关的现象，却具有某些共同的特性。从集成的观点看来，它们是不同种类和不同性质的集成现象。例如，原子凝聚是物理集成，动物反射是神经集成，电路设计是器件集成，学科交叉是知识集成，团队合作是社会集成，等等。因为它们的集成成分、集成作用、集成环境、集成过程等各不相同，所以形成千差万别的集成统一体，而且表现出多种多样的集成特性。它们分别属于不同的领域，各自有自身的规律，但是它们也都包括了集成现象的共同特点。

　　用集成的观点考察不同领域中各种不同集成现象，有助于概括它们的一般概念和一般特性，了解它们的一般原理和一般规律，也有助于应用这些概念和规律去研究与集成现象有关的复杂事物，处理与集成现象有关的复杂事件。

第五章　探索一般集成论

前面几章分别介绍了集成的脑、脑的集成，以及许多不同领域中的集成现象。可以看到，在自然界、技术领域和人类社会中，集成现象是广泛存在的。

这一章根据大量的实验事实提出一般集成论的理论。先讨论各种集成现象的共同特性，说明一般集成论的要点，再归纳各种集成现象的一些一般性的概念。

5.1　一般集成论理论

集成是过程，是大量集成成分基于它们之间的相互作用建构具有新功能的集成统一体的过程。我们对集成现象的研究是在向脑学习的基础上发展的；这些集成过程不仅在脑内存在，而且在自然界、技术领域和人类社会中广泛存在。

如前所述，在自然界中有大量的、不同层次的集成作用和集成过程。在自然界，包括物理世界、生物世界和精神世界中，多种多样的事物组成不同层次的、多种多样的集成统一体；它们分别具有不同的性质。从人的精神世界来看，人的心智活动中存在许多不同的集成过程，人的意识也是在脑功能集成过程中产生的。在人类社会活动中，有各种集成过程，人类个体间相互作用，组成集体和社会。

　　不同的集成成分及其相互作用具有各自的特性，不同种类的集成过程也各有特殊的性质和不同的规律，需要对它们分别进行具体的分析和研究。而从一般的集成过程来说，各种集成过程有着共同的特性，并且涉及一些相同的概念。一般集成论要考察各个不同领域中的各种集成作用和集成过程，并且通过综合研究，找出它们的共同特性和规律；再从这些一般特性和规律出发，讨论它们在各个具体领域中的应用。

　　人们早就有集成的观念，对集成或整合的名词并不生疏，在许多不同场合都提到集成或整合，例如集成电路、集装箱等已是人们的常识，但这些名词都是分散使用的。集成和整合两词的意义相同，两者是通用的，在英文中它们都是 integration。因为中国古代就有集大成的提法，所以我们把集成和整合两词统称为集成。

　　各种集成现象的共同特点是什么？这个问题需要通过专门的研究来回答。我们的任务是把存在于自然界、技术领域和人类社会中的各种集成现象汇集在一起，把各种集成现象当做专门的科学研究的对象，建立一门新的学科，对它们进行专门的研究。

　　一般集成论指出，集成现象是复杂系统的普遍现象。在集成过程中，许多集成成分在一定环境中通过它们之间的相互作用以及它们和环境之间的相互作用，组织成为协调活动的统一整体。

　　集成是一个动态过程。集成统一体是一个整体。集成统一体内的许多成分称为集成成分，集成统一体内的相互作用称为集成作用，集成过程发生的环境称为集成环境，集成成分组织成为集成统一体的过程称为集成过程，集成过程的产物称为集成统一体。

　　集成过程常有大量集成成分参与。不同种类的集成成分及其相互作用是集成过程的基础。集成成分是参与集成过程并组成集成统一体的单元。复杂系统内部不是单一成分，它们是由多种成分集成的统一体。一些复杂系统具有层次性结构。在每一层次，都有不同的集成作用、集成过程和不同的集成统一体。

　　集成成分有许多不同的种类。前面提到，在物理世界和生物世界中，集成成分有物质、能量、结构、功能、信息等，因而集成过程有物质集成、能量集成、结构集成、功能集成、信息集成等。在精神世界和人类社会中还有其他各种集成过程。

在日常生活中，人们对集成的理解较多侧重在结构集成方面，例如集成电路和集装箱等。一般集成论不仅研究结构集成，而且研究物质集成、能量集成、信息集成等。

如前所述，向脑学习为一般集成过程的研究提供了丰富的资料。因为脑和心智的研究不但是脑的结构与功能的研究，还有生理、心理和病理的研究，其中包括主观体验、认知、情感、意志、意识和行为的研究。所以脑的集成过程既有物质集成、能量集成、结构集成、功能集成、信息集成，又有心理集成、行为集成，以至脑和心智与社会的集成。

集成不是集成成分的简单堆积。集成过程的进行要以集成成分之间的相互作用为基础，彼此毫无相互作用的成分是不会进行集成的。集成过程是在一定环境中进行的，系统内部的集成成分通过内部的集成作用以及和环境的相互作用集成为统一体。

集成是一种发展过程，大量的集成成分是在这个动态的发展过程中构建成为具有新功能的集成统一体的。可以用一些参量来描述集成过程的特性，如集成度（集成的程度）和集成速度（集成过程的速度）等。

以神经系统为例，Tononi 等 (1994) 曾经讨论过神经系统的整合程度 $I(X)$。系统 X 由 n 个单元 x_i 组成，各个独立组成单元的熵是 $H(x_i)$，系统 X 作为整体的熵是 $H(X)$。

他们把系统 X 的整合程度定义为所有 $H(x_i)$ 之总和与 $H(X)$ 之差，即：

$$I(X) = \sum_{i=1}^{n} H(x_i) - H(X)$$

$I(X)$ 表示由组成单元的相互作用导致的熵的减少。组成单元间的相互作用越强，则 $I(X)$ 的值越大。

在集成过程中，集成体的集成度提高，并在一定条件下展现新现象，使集成统一体出现原来成分并不具有的新的特性，这称为涌现（emergence）。

总之，集成过程是通过多种多样的集成成分之间各种不同的相互作用实现的。集成成分和相互作用具有多样性，因此会存在不同类型和多种形式的集成过程，它们具有各自的特点；集成过程中形成不同层次和不同特性的模块和网络，最后产生集成统一体。不同类型和多种形式的集成过程，形成千差万别的集成统一体。在集成统一体内部，各个部分在集成作用下协调地活动。

鉴于自然界、技术领域和人类社会中广泛存在各种集成现象的事实，我们认为有必要建立一门称为一般集成论的学科，来专门研究集成现象。一般集成论是一门研究自然界、技术领域和人类社会中各种集成现象的一般特性和规律及其应用的学科。这门学科不仅研究集成作用和集成过程的一般特性和规律，而且探讨如何依据事物本身的性质有效地进行集成和创新的方法。

von Bertalanffy（1950，1976）把他研究的系统论称为一般系统论（general system theory），因为他所讨论的不是某类特定的系统，而是普遍存在于自然界和人类社会中的一般系统。同样地，我们在一般集成论中所讨论的不是某类特定的集成现象，而是普遍存在于自然界、技术领域和人类社会中的一般性集成现象。因此我们把所研究的理论称为一般集成论。

我们把一般集成论的英文名称命名为 general integratics。选择这个名词是借鉴了信息学的英文名称。信息学是研究信息（information）的科学，英文名称是 informatics。一般集成论研究集成（integration）现象，因此命名为 integratics。

一般集成论作为一门学科，具有确定的研究对象、研究目标、研究内容和核心概念。

一、研究对象。一般集成论以自然界、技术领域和人类社会中不同层次和不同性质的集成现象为研究对象，从大量集成现象的事实出发，概括它们的共同特征。

二、研究目标。一般集成论以建立一门新的学科为目标，这门学科研究各种集成现象的一般特性和规律；还要将一般集成论应用于自然界、科学技术和人类社会的有关领域，分别研究各个具体领域中集成现象的特性和规律，从而建立一个研究各类集成现象的学科群。

三、研究内容。一般集成论以各种集成现象的共性作为主要的研究内容，着重研究不同领域中不同层次和不同种类的集成现象的共同特性和共同概念，并且在同一个学科中把集成现象的共同特性和共同概念汇集起来，进行综合的研究。

四、核心概念。一般集成论的主要概念是集成。对各种集成现象，都要考察其集成成分、集成作用、集成过程和集成统一体。要讨论物质集成、能量集成、结构集成、功能集成、信息集成、心理集成、知识集成、环境集成、社会集成等，还可以归纳许多集成现象的共同概念，如全局、全局化、模块、模块化、还原、合理还原、综合、有机整合、绑定、联合、联想、建构、重建、优化、临界、涌现、互补、协调、符合、同步、和谐、流畅、适应、同化、顺应、集大成、大统一等。在本章后面几节中，将分别讨论这些与集成现象有关的概念。

这里要说明，一般集成论和数学中的集合论是两回事。集合论（set theory）是数学的一个分支（齐纳，约翰逊1986；方嘉琳1982）。在集合论中，把凡是具有某种性质的、确定的、有区别的事物的全体称为一个集合（set）。这个数学分支不考虑构成集合的事物的特殊性质，只研究集合本身的性质。

集合论中集合的概念和一般集成论中集成的概念不同。数学中的集合是数学概念，强调数的汇集；而一般集成论中的集成指自然界、技术领域和人类社会中的各种集成现象，特别是其中的集成作用和集成过程。但集成的概念和集合的概念既有区别又有联系。因为集成统一体是包括集成成分的全体，所以集成概念和集合概念也有联系。

集合论的理论和一般集成论的理论是不同的理论。集合论是研究集合的数学性质的数学分支；而一般集成论则是讨论自然界、技术领域和人类社会中集成现象及其规律的学科，着重研究这些集成现象的特性，特别是集成作用和集成过程的特性。当然，在一般集成论的研究中，可以利用集合论中相关的一些数学工具。

一般集成论是关于集成现象一般规律的理论，它为我们提供了观察世界和研究事物的一种观点，也为我们提供了处理事件和解决问题的一种方法。

集成不仅是一般性原理，而且是观察世界和研究事物的观点。既然集成现象是在自然界、技术领域和人类社会中普遍存在的，就要用集成的观点去观察和研究那些包含集成现象的各种复杂事物。

对于复杂的事物，要从多个方面考察它们所包含的各种集成现象，特别是其中的集成成分、集成作用、集成过程和形成的集成统一体。例如研究一种复杂的生物体，不仅要考察生物体内的物质集成、能量集成、结构集成、功能集成和信息集成，而且要考察生物体与其他物体的集成，以及生物体与环境的集成。

结构集成、功能集成、信息集成等各类集成过程都是复杂的过程。对于特定的集成过程，要考察哪些集成成分参与这种集成过程，这些集成成分有哪些相互作用，这些相互作用有哪些特性，这种集成过程内部的具体机制是什么，等等。这里涉及集成现象中绑定、建构等许多概念。

集成过程是动力学过程。对于特定的集成过程，要考察与这种过程有关的一系列时间特性和集成动力学问题，如集成过程的时间特征是怎样的，集成过程中集成统一体的组织结构是怎样随着时间变化的，集成过程中新的功能是在哪些条件下以及怎样出现的，等等。这里涉及集成现象中同步、涌现等许多概念。

对于复杂的集成统一体，都要将其看做是它内部的各种成分通过集成作用而组成为集成统一体。要考察统一体内部各种成分是怎样相互作用的，统一体的各部分是怎样互相配合和协同运行的，等等。这里涉及集成现象中互补、协调等许多概念。

集成不仅是观察世界和研究事物的观点，而且是处理事件和解决问题的方法。既然集成过程在自然界、技术领域和人类社会中广泛存在，就要应用集成的方法去处理和解决那些包含集成现象的各种复杂问题。

集成是将分散的各种成分构建为集成统一体的方法。实现集成的一个问题是：如何对具有各种特性的成分进行有效的集成而构建成高效的集成统一体。在许多集成过程中，往往根据全局的目标，构筑不同层次和不同性质的模块和网络，最后产生集成统一的产物或输出。这里涉及集成现象中模块化、全局化、优化等概念。

研究复杂事物时，常常面临如何分析和还原，以及如何联系和综合等问题。一般集成论提供的方法是合理还原和有机整合的方法，即对复杂事物各部分进行合理的还原，分别对它们进行深入的研究，再根据它们固有的联系与作用，对它们进行有机的整合。这里涉及集成现象中还原、合理还原、综合、有机整合等概念。

处理复杂事件和解决复杂问题，先要分析、讨论，再评估、决策，最后组织、实施。在这些过程中都可以运用一般集成论的方法。例如在分析过程中要掌握全面情况，对各种信息进行集成，得到正确的认识；在决策过程中要集思广益，对各种意见进行集成，形成妥善的方案；在组织工作中要合理配置，对各个部门进行集成，组建协调的团队；在实施过程中要统一指挥，对各个步骤进行集成，达到圆满的结果。

对于包含集成过程的各种事物和事件，应用一般集成论的观点和方法，有助于理解和解决相关集成过程的许多实际问题。当然，在不同的具体领域中，各种集成过程是各不相同的，所以要对不同的具体的集成过程分别进行具体的研究。后面第三篇将讨论一般集成论在各种不同具体领域中的一些应用。

5.2　全局和模块

与集成现象有关的一组概念是全局和全局化。全局指整个局面，全局化是统筹整个局面的意思。

在集成过程中要从全局要求出发，确定集成目标；还要统筹全局，进行全面的集成设计；然后总揽全局，实现集成过程。全局化不但是结构集成的概念，它对于功能集成和信息集成也是重要概念。

心理学家在讨论意识模型时，曾经有过"全局工作空间"的观念（Baars 1983；Baars，Franklin 2003）。"全局工作空间"模型认为脑内存在许多专门处理器和一个全局工作空间；专门处理器是专一性的处理器，处理各种信息，可以独立地工作；而全局工作空间则接收各个专门处理器的信息，信息一旦在全局工作空间中得到表达，就可以为理性行为所访问，从而形成意识。全局工作空间可以把意识的内容"广播"到广泛分布于大脑的神经系统，意识的作用是把分散而独立的各种脑功能整合起来。我们曾根据实验事实，对"全局工作空间"模型加以扩展，提出"意识全局工作空间的扩展理论"（宋晓兰，唐孝威 2008）。

与集成现象有关的另一组概念是模块和模块化。模块指标准组件，模块化是在结构集成中制成标准组件再进行组装的意思。

在建构复杂集成体时，可以根据全局目标，将集成过程分为几个步骤来完成。先建构各种模块，它们是中间层次的集成体，然后将多个模块集成为复杂集成体。

认知神经科学中有过模块说的学说（Fodor 1983），认为脑是由高度专门化并且相对独立的模块所组成，这些模块的复杂而巧妙的结合，是实现复杂而精细的认知功能的基础。

心理学中讨论短时记忆时有组块（chunk）的概念。短时记忆的信息容量有限，通常是 7 ± 2 项，但是可以利用已有的知识经验将信息形成组块。通过扩大组块内的信息容量，能够增加短时记忆的总的信息容量。

模块概念不仅适用于结构集成，而且与功能集成和信息集成有关，也适用于工程技术集成以及团体集成与社会集成。

5.3 还原和综合

在集成过程中，许多集成成分通过集成作用而形成集成统一体。还原和综合是与集成现象有关的概念。

还原的意思是分析统一体中的集成成分。综合的意思是将集成成分集成为统一体。还原和综合在集成过程中都是不可缺少的。

前面 5.1 节已经提到合理还原和有机整合的方法，在《意识论 —— 意识问题的自然科学研究》（唐孝威 2004）一书中讨论过用合理还原和有机整合的方法研究复杂的事物，下面是该书用这种方法考察意识问题的一些说明：

> 首先要用还原方法研究意识。意识是由多种要素所组成的，还原方法就是要把它分解为其组成的要素以及这些要素之间的相互作用，并对它们分别进行具体的研究。在这个意义上说，意识是应该而且是可以进行还原的。

> 其次，这种还原应当是适度的，还原的结果要有心理学意义。分析意识的基本要素以及要素之间的相互作用，因为它们是基本的，又是具有心理学意义的，所以这种还原是合理的还原。对意识的研究不必还原到单个神经元离子通道的层次。

> 用合理还原方法研究意识，只是意识研究的一个方面。意识研究的另一个方面，是用有机整合方法研究意识。同时要把合理还原方法和有机整合方法结合起来。

　　有机整合方法是在对复杂事物进行合理还原的基础上，进一步了解还原要素之间的有机联系，再把各个要素有机地结合起来，得到对复杂事物的整体认识。这种整合是在合理还原基础上的有机整合。

　　用合理还原方法分解意识，可以了解意识的各个基本要素及其相互作用。这些要素不是孤立的，它们通过相互作用而有机地形成整体的意识。因此，既要对意识进行合理的还原，并且要对还原得到的各个要素及其相互作用分别进行研究，还要把这些要素及其相互作用再有机地整合起来，得到整体的认识。

5.4　绑定和联合

　　与集成现象有关的一个概念是绑定（binding）。前面第二章已经提到，绑定是心理学研究知觉问题时提出的概念，绑定的意思是捆在一起。

　　以图形识别为例，一个图形有许多不同方面的特征，包括图中的点和线、角度、朝向以及图形的运动等。在图形识别时，视觉系统对图形的许多特征进行检测，检测器测的是各种分散的特征。然而实际上视觉系统能够把一个图形的各种特征结合到一起，得到对图形的整体知觉。脑是怎样把图形的不同的特征捆在一起的呢？这称为特征绑定问题。特征绑定也是知觉集成。

　　目前认为，注意机制在特征绑定中起关键作用。如果没有注意参与，特征是分离的；而在有注意参与时，脑能够对特征进行绑定，从而知觉到整体的事物（Treisman，Sykes，Gelade 1977；Treisman，Gelade 1980）。

　　绑定的原来意思是知觉中的特征捆绑，可以把这个概念加以扩展，例如指在信息集成或知识集成时，把不同信息或知识捆绑在一起。

与集成现象有关的另一组概念是联合和联想。联合指联系与合并，联想是概念联合的意思。

在联合的各种成分中常常有拮抗的方面，例如神经系统的输入有兴奋作用的和抑制作用的。神经系统的集成作用是把各种输入综合起来，产生总的应答。

在心理学中，联想和粘合是脑内认知活动的方式。脑内关于事物的形象称为表象，联想是指从一件事想到另一件事，这时对原有表象进行综合而产生新的表象；粘合是指把同一件事的各种特征结合而产生新的表象。

脑不仅能按一定方式对检测到的事物各种特征进行集成而形成一定的认知结构，而且还能根据脑内储存的记忆对事物进行解释和预测。

联想是心理活动中概念集成的一种方法，可以由脑内一种概念引起其他概念，或者把不同的概念联系起来，由简单观念结合成复杂观念；或者在不同的观念间找出它们的关系。联想不但在心理集成中有重要作用，也是知识集成的一种有效方式。

5.5　重建和优化

集成现象的一组重要概念是建构和重建。集成过程是系统不断地建构和重建的过程。建构指构造与建设，重建是重新建构的意思。

集成过程具有曲折性。在集成过程中常常根据需要去粗取精，删除多余的及不合适的部分，并对初步结构进行重建。例如，在神经系统发育过程中，系统会对无用部分加以删除，称为神经元连接的修剪（pruning）。

再以生物进化为例：生物是进化而来的，现今的生物体是在生物长期进化中经过自然选择作用的结果。Jacob（1977）曾把进化比喻成一个"修补匠"。

在建构理论时也需要有重建的观点和方法。Crick 在《狂热的追求》(克里克 1994) 一书中谈过对建构生物学理论的体会。他说:"如果以为只要有一个机智的念头同想像中的事实能稍稍联系起来就可以产生有用的理论,那是相当靠不住的。认为第一次尝试就能做出好的理论,那更是不可能的。在获得最大成功之前,必须一个接着一个地提出理论,正是放弃一种理论而采用另一种理论的过程,使得他们具有批判性的、不偏不倚的态度,这对于他们的成功几乎是必不可少的。"

下面说明集成过程的另一个重要概念:优化。优化是使得尽可能完善的意思。

在集成过程中,有集成目标的优化、集成部件的优化、集成方案的优化、集成方法的优化,等等。集成目标的优化是集成过程以完成最佳的集成体为目标,集成部件的优化是选择尽可能完善的部件来进行结构集成,集成方案的优化是设计最佳的方案来进行结构与功能集成,集成方法的优化是选择尽可能完善的方法和途径来实现集成过程,等等。对于自然界自发的集成过程,存在自然选择。对于人进行的集成过程,存在人的主动选择,通常要通过评估、试验、比较、选择来达到这些优化。

优化的概念不仅适用于结构与功能集成,它对于各种集成过程都是重要的。人们进行集成过程,都要求优化的和有效的集成,优化的集成也是有效的集成。

5.6 临界和涌现

与集成过程有关的另一些概念是临界和涌现。

在集成过程中系统不断发生量变,当集成过程中的量变达到一定程度时,系统出现质变,系统在临界条件下会出现新的特性。涌现是集成过程在一定条件下,系统发生质变,出现原来各成分并不具备的新特性的现象。临界条件是系统集成过程中由量变发生质变、并涌现新特性所需要的条件。

《意识论——意识问题的自然科学研究》(唐孝威2004)一书曾对临界条件进行过如下的说明:

> 在日常生活中,我们常常见到物理学的物态和物态之间的物理相变。物理学中用相来描述物质的状态。物理学中的物质有不同的状态,例如同一种物质的气态、液态和固态,就是物质不同的状态或物相。
>
> 不同物相是物质的不同状态,气态、液态和固态的物相,分别相当于气相、液相和固相。物质从一种物相到另一种物相的变化称为相变。当物质没有达到相变的临界条件时,物质状态保持一种相,而在达到相变的临界条件时发生相变,物质状态从一种相转变为另一种相,例如从气相转变为液相,从液相转变为固相等。
>
> 在非平衡系统中物理相变的一个例子是:在膨胀云室的气体中,在带电粒子的径迹上凝结水珠,这是从气相转变为液相的相变。另一个例子是:在泡室的过热液体中,在带电粒子的径迹上形成气泡,这是从液相转变为气相的相变。

这本书还对意识涌现现象进行过如下的讨论:

> 意识涌现是脑功能活动的重要现象。当大脑皮层的给定脑区激活而激活水平还没有达到意识涌现的临界条件即意识阈值时,这个脑区的信息加工是无意识的;而当脑区的激活水平达到意识涌现的临界条件即意识阈值时,就会发生突变,这个脑区的信息加工由无意识加工转变为有意识的。这时意识涌现,同时产生相应于这个脑区激活态的主观体验。
>
> 意识的涌现是突变,从无意识加工转变到有意识加工,或从

有意识加工转变到无意识加工，都是不连续的。一定脑区的活动，要么进入意识，要么不进入意识，不是模棱两可。脑是开放的非平衡系统，脑内意识涌现的现象类似物理学中的对称性破缺的情况。

在意识涌现过程中发生许多现象，其中包括：大脑皮层给定的脑区的激活和其他脑区的激活，给定脑区和其他激活脑区之间竞争注意资源，在注意作用下给定脑区的激活受到增强而其他脑区的激活受到抑制，给定脑区激活水平增高，超过意识阈值而使脑区信息加工进入意识等。在这些现象之间存在紧密的联系。意识涌现过程是竞争资源和选择与淘汰的动态过程。

5.7 互补和协调

与集成过程有关的一个概念是互补性。互补是相互补充的意思。

我国古代思想家早就有互补的观念，例如人们熟悉的阴阳互根的观念和天人合一的观念。

在物理学中 Bohr 提出互补原理（又译为并协原理）。这个原理在讨论物理世界微观现象的波粒二象性时指出，光和实物都有波粒二象性，为了描述微观的物理现象，波和粒子两种概念都是不可缺少的。这两种概念是协调的，在这个意义上说，它们是互补的。

互补原理认为，在描述微观的物理现象时，一些经典概念的描述与另一些经典概念的描述既是排斥的，又都是对全面地描述微观现象不可缺少的；只有把所有这些既排斥又互相补充的概念联合起来，才能够全面地描述微观现象。举一个常见的例子，对一块硬币，正反两面都是不可缺少的，只有正反两面都被看到，才能对这硬币有全面的认识（玻尔1964）。

上面所说的互补主要指不同概念的互相补充。在一般集成论中我们除保留这种对互补的理解外，还把它的意义扩展为功能集成或知识集成时各部分优势的互补，例如资源优势的互补及理论观点的互补等。

我们在提出心理学的统一研究取向时指出，当代心理学中各种研究取向之不同，并不是因为它们的观点根本对立，而是因为它们关心的问题、考察的重点，以及研究的观点和方法有差别。我们认为各种不同研究取向的某些概念是可以互相补充的，因而可以把不同的研究取向统一起来，从而提出心理学的统一研究取向（唐孝威 2007）。

在集成过程中要把具互补性的各个方面有效地集成起来，达到优势互补的完美局面。

与集成现象有关的一个概念是协调。协调是配合适当、和谐一致的意思。

前面提到，脑的整体功能是通过脑内几个功能系统来实现的，这些脑功能系统既有分工又有整合，人的心理和行为是脑的几个功能系统协同活动的结果。这是功能协调的很好的例子。这些脑功能系统配合适当、和谐一致的活动，保证了人正常的心理和行为。反之，如果脑功能系统活动失调，会导致人的心理和行为的反常，就需要加以调整（Buzsáki 2006）。

协调不但是功能集成的概念，同样是与工程技术集成、管理集成以至社会集成等有关的概念。例如，工程集成中大量机器的有效运转，社会集成中和谐团体的建构等，都涉及协调的概念。

5.8　符合和同步

这里说明与集成过程有关的一个概念：符合。符合的意思是彼此一致。

符合记录是核物理实验中选择记录同时性信号的电子学方法，相应的电子线路称为符合线路。例如，二重符合线路是具有符合功能的二通道的电子线路。只有当两个输入信号在一个短的时间间隔（称为符合分辨时间）之内输入时，才有符合输出；如果两个信号在符合分辨时间以外输入，就没有符合输出。同样还有多通道的多重符合线路。

与此相关的反符合线路是具有反符合功能的电子线路。只有当从符合通道有输入信号，同时不存在从反符合通道来的输入信号时，才有脉冲输出；如果那时从反符合通道有输入信号，就没有脉冲输出。又如，延迟符合线路是具有延迟符合功能的电子线路。只有当两个输入信号中的一个信号在某一时刻输入，而另一个信号在这时刻之后指定的一段时间（称为延迟时间）的分辨时间之内输入时，才有延迟符合输出。

在信息集成中，符合是指集成过程中在时间上选择信号的方法，用这种方法可以选择记录时间上相同的信号，也可以记录不同空间位置的同时发生的事件。可以把这个意思加以扩展，解释为集成过程中对有关许多方面选择其共同点的方法。这在信息集成或知识集成时都是适用的。

再看与集成过程有关的另一个概念：同步。同步的意思是一起变动。

同步加速是高能加速器加速粒子的一种原理和方法。同步加速器是加速高能粒子的大型实验装置。同步辐射装置是利用电子同步加速器产生光辐射的大型实验装置。

在高能物理实验中对粒子进行同步加速的原理是，用高频电场不断加速带电粒子，随着粒子速度增加和粒子质量由相对论效应增加，将加速器所用的磁场强度也随着时间相应地增加，这样就可以保持带电粒子在半径为恒定的环形轨道上被加速。

同步辐射光是电子同步加速器中电子在磁场中做曲线运动时产生的光辐射，通常可以产生包括红光、可见光和 X 光波段的光。这种大型实验装置称为同步辐射光源装置。

同步可以指在功能集成或信息集成时各种相关功能在时间上一起变动。也可以把这个概念扩展为在功能集成或信息集成时各个部分同步地协调互动，系统内部各部分有序地同步活动，保证了系统的和谐稳定。

集成过程的另一个概念是流畅性。流畅是物质运输、能量传递或信息流动畅通的意思。

前面介绍过脑内信息加工的组织层次，有信息加工组织的上面层次和信息加工组织的下面层次。在信息加工组织的上面层次和信息加工组织的下面层次之间不断进行信息流动，由信息加工组织上面层次传向信息加工组织下面层次的信息流动是自上而下的信息流，由信息加工组织下面层次传向信息加工组织上面层次的信息流动是自下而上的信息流。信息加工过程是自下而上的信息流和自上而下的信息流交互作用的过程。

信息加工时信息通过信息通道流动，信息通道的畅通是有效地进行信息加工的重要条件。当一个激活脑区对它连接的脑区作用时，它们之间连接通路每次导通都会使连接通道的效能有所提高，效能提高的程度随着连接通路导通次数增多而增加，这称为通道的易化（facilitation）（唐孝威 2003a）。

流畅性原来是指在信息集成时信息流的畅通，也可以把这个概念扩展为结构集成或功能集成的动态过程中的有效连接。

5.9　适应和同化

适应是与环境集成有关的一个概念。适应的意思是适合环境。

各种事物都不是孤立存在，而是处于它周围的环境之中。环境是变化的，事物要不断调整，以适合于变化环境的条件和需要。事物和环境的有效集成，要求事物和环境友好共处，形成有效地互动的统一体。

认知科学中曾经有过情境认知的观念（Brooks 1991），认为认知置身于情境中，依赖于环境；认知具有现场情境的特点，认知过程必须置身现场情境；认知过程还依赖现场情境，认知活动和现场情境密切联系，不能分开。

适应不仅是环境集成的概念，也是生物集成和社会集成的概念。

与环境集成有关的另外两个概念是同化（assimilatiom）和顺应（accommodation）。同化和顺应是 Piaget（1983）研究认知结构时提出的概念。在心理学中，同化和顺应都是认知适应的方式。同化是把新信息纳入已有的认知结构之中，顺应是改变已有的认知结构来适应新的环境和信息。

Piaget 的发生认识论理论指出，人在认识世界的过程中与环境相互作用，形成自己的认知结构，称为图式。一种图式结构经过同化、顺应、平衡而构成新的图式结构。这样，个体通过与环境相互作用而不断适应变化着的环境。

同化和顺应的概念不但适用于环境集成过程的讨论，而且可以把这两个概念扩展为在理论集成或社会集成时的相互适应。

5.10　集大成和大统一

与大规模集成过程有关的概念是集大成和大统一。

中国古代思想中就有集大成和大统一的概念。从集成过程的观点看来，集大成是大规模的集成过程，是将所有各种成分集成为大的统一体的过程。大统一是集大成的结果，是对所有各种成分集成而构成全面的、大的统一体。

在构建思想体系时，需要有集大成和大统一的观点和方法。《统一框架下的心理学与认知理论》（唐孝威 2007）一书提出心理相互作用的大统一理论和心理学统一研究取向时，曾经用集大成和大统一的概念进行过讨论。

在阐述心理相互作用的大统一理论时，那本书中是这样说的：

这个理论称为心理相互作用的大统一的理论，因为这个理论囊括所有各种心理相互作用在内，既分辨其中各种心理相互作用的不同特性，又指出它们具有共同的、统一的基础。这个理论是涵盖所有各种心理相互作用的统一理论，它不仅指出了几种心理相互作用之间的统一性，而且包含了全部心理相互作用之间的大统一，所以称它是心理相互作用的大统一理论。

在阐述心理学的统一研究取向时，那本书中是这样说的：

某一种心理现象往往涉及多种心理相互作用，这些心理相互作用并不是彼此无关，而是互相联系的，因此要用多种心理相互作用联系和统一的观点来考察这种心理现象。

心理学的统一研究取向全面地研究各种不同的心理相互作用，并着重于这些心理相互作用的大统一。因此它的研究领域包含心理学的各个领域，比目前心理学的各种不同的研究取向关心的领域更加广泛。它可以把这些不同的研究取向的主要的、合理的观点统一起来，在取其精华的基础上，集当代心理学各种不同研究取向之大成。

第六章 一般集成论的特点

第一篇考察了脑的实验事实，并且提出了脑集成论的理论。这一篇前两章从脑的集成现象的研究出发，扩展到一般集成论的研究。

这一章阐述一般集成论的特点，强调一般集成论是在向脑学习的基础上发展的理论，提出可以将一般集成论的理论应用于各种具体领域，构建各种专门集成论的理论，还说明一般集成论与系统论等理论的联系和区别。

6.1 在向脑学习基础上发展的一般集成论

20 世纪 80 年代，有学者提出，研究思维科学有两种途径：一种途径是脑科学的途径，研究脑，弄清人类思维时脑的活动机制；另一种途径是人工智能的途径，寻找人的思维规律，用计算机来模拟实现人脑的功能，把思维科学的研究同人工智能、智能机的工作结合起来。当时认为，脑科学的研究途径太遥远，因此要选择人工智能的研究途径（钱学森 1986）。

现在的情况已经不同了，脑科学实验技术的迅速发展，为人类思维的实质性研究提供了各种条件，从脑机制的角度入手进行思维的脑科学研究是切实可行的（唐孝威 2003a）。我们认为，思维是脑的高级功能，要了解思维，不能离开脑。因此思维科学的研究应当把上面提到的第一种研究途径和第二种研究途径结合起来，即脑科学的研究和人工智能的研究结合起来，而且必须强调以脑研究为基础，进行思维的脑机制的实验和理论研究（唐孝威等 2006）。

不但思维科学的研究是这样，一般集成论的研究也是这样。研究一般集成论要从脑的研究入手，考察脑的集成现象，学习脑的集成原理。因为脑是自然界最复杂的物质，脑的活动是自然界最复杂的运动形式，脑的结构和脑的活动为我们提供了集成现象的非常丰富的实验资料。

一般集成论理论的特点之一是向脑学习。一般集成论的研究是从脑的集成现象的研究开始的，在向脑学习的基础上，发展一般集成论的理论。脑内存在多种多样的集成作用和集成过程，研究和学习脑内的集成作用和集成过程，有助于发展一般集成论的观念和构建一般集成论的理论。

在研究自然现象，包括无生命的物理世界和有生命的生物世界时，如果不考察脑和心智的活动，通常讨论的主要是物理世界和生物世界中物质运动、能量转换、结构连接、功能调节、信息交流等过程，而不涉及人的主观的心智活动。在这些讨论中涉及的概念主要是物质、能量、结构、功能和信息等概念。

向脑学习使我们对世界的认识更加广阔和丰富了。在研究脑的结构和脑的活动时，我们不但面对物质的脑和生物的脑，包括脑的物理现象和生命现象，而且还面对心智和行为，即精神世界以及心智、脑和身体与所处的自然环境和社会环境之间的相互作用。

脑和心智现象涉及物理世界、生物世界和精神世界。考察脑和心智活动时，不但要讨论脑内多种多样的物质运动、能量转换、结构连接、功能调节和信息交流等过程，而且还要讨论丰富多彩的主观体验、认知活动、情感活动、意志活动等以人为主体的精神活动以及行为活动，还有与精神活动和行为活动相关的人类社会活动。因此，对脑和心智现象的研究涉及的概念，不仅是与其他生命活动共有的概念，如物质、能量、结构、功能、信息等概念，而且还有一般生命活动没有涉及的许多其他概念，如体验、认知、情感、意志、意识、行为等概念。

我们提出的一般集成论是从脑科学的研究出发，在向脑学习的基础上，再发展一般集成论的理论。在研究脑的集成现象时，除考察脑内的物质集成、能量集成、结构集成、功能集成、信息集成等现象外，与脑和心智活动有关的主观体验、认知、情感、意志，以至人类行为等现象，也为我们提供了大量的精神领域、行为领域和社会领域中集成过程的例子。

神经集成论、脑集成论和心理集成论是脑与心智领域中的理论，它们是属于脑科学和心理学等具体领域中的专门理论。我们的目的不但是建立神经集成论、脑集成论和心理集成论，而且要从脑集成论等出发，进一步发展一般集成论的理论。

为了构建一般集成论的理论，就要在向脑学习的基础上扩展视野，考察自然界、技术领域和人类社会中的各种集成作用和集成过程。一般集成论是研究许多不同领域中普遍存在的各种集成作用和集成过程的一般特性和共同规律的理论。

6.2　一般集成论与专门集成论

如前所述，一般集成论的讨论是从脑科学的研究成果出发，再进一步扩展到考察不同领域的集成现象。第四章已举出一些例子，说明在不同领域中集成现象是广泛存在的。一般集成论面对的是广泛存在于自然界、技术领域和人类社会中的各种不同的集成现象。

上一节讨论了一般集成论的一个特点，即向脑学习；这一节要说明一般集成论的另一个特点，即研究各类不同的集成现象的共性。

一般集成论作为一门学科，它不仅要讨论特定领域中大量的集成现象，还要说明许多不同领域中各种集成作用和集成过程的广泛存在，并且要研究不同种类的集成作用和集成过程的共同特性。它讨论的概念不仅是一些特定集成过程的相关概念，而且要说明不同领域中各种集成过程的共同特性和一般概念。

我们在第五章中考察了不同种类的集成现象的一般特性，归纳了各种集成现象的一般性概念，阐述了有关集成现象研究的一般性观点，把我们提出的集成理论称为一般集成论。在研究一般集成论的基础上，还要用一般集成论的观点研究各种不同的领域，考察各个不同领域中的集成作用和集成过程的特性和规律及其应用。将一般集成论应用于各种专门领域，就要发展研究不同领域中集成现象的一系列子学科。我们把这些子学科称为各种专门集成论，英文名称是 special integratics。

一般集成论和专门集成论既有区别又有联系。一般集成论讨论许多领域中普遍存在的各种集成作用和集成过程的一般特性，一般集成论也是广义的集成理论；而专门集成论则讨论各个专门领域中集成作用和集成过程的具体特性，专门集成论是具体领域的集成理论。原则上说，一般集成论包含各种专门集成论的共同特性和共同规律。

过去有学者曾讨论过个别的具体领域中集成（即整合）的理论，并提出过令人感兴趣的观点。本书的内容和这些工作不同，本书主要研究一般集成论，即在自然界、技术领域和人类社会中广泛存在的各种集成现象的一般特性，因此不同于某些个别的具体领域中集成的理论。本书着重考察脑内的集成作用和集成过程，是为了在此基础上发展一般集成论的理论。

某个具体领域的专门集成论，是将一般集成论应用于这个具体领域，研究这个具体领域中的集成现象的特性和它们的具体规律及其应用而构建的学科。

在自然界的各个具体领域的专门集成论的例子是：有研究生物领域中集成现象的特性和规律及其应用的生物集成论，有研究细胞的集成现象的特性和规律及其应用的细胞集成论，有研究神经系统集成现象的特性和规律及其应用的神经集成论，有研究脑内集成现象的特性和规律及其应用的脑集成论，有研究人体集成现象的特性和规律及其应用的人体集成论，有研究医学领域中集成现象的特性和规律及其应用的医学集成论，有研究心理领域中集成现象的特性和规律及其应用的心理集成论，有研究认知领域中集成现象的特性和规律及其应用的认知集成论，有研究智能领域中集成现象的特性和规律及其应用的智能集成论，有研究环境科学领域中集成现象的特性和规律及其应用的环境集成论，有研究地球科学领域中集成现象的特性和规律及其应用的地球集成论，有研究空间科学领域中集成现象的特性和规律及其应用的空间集成论，等等。

在工程技术的一些具体领域的专门集成论的例子是：有研究信息科学领域中集成现象的特性和规律及其应用的信息集成论，有研究工程领域中集成现象的特性和规律及其应用的工程集成论，有研究技术领域中集成现象的特性和规律及其应用的技术集成论，等等。

在人类社会的一些具体领域的专门集成论的例子是：有研究文化领域中集成现象的特性和规律及其应用的文化集成论，有研究艺术领域中集成现象的特性和规律及其应用的艺术集成论，有研究教育领域中集成现象的特性和规律及其应用的教育集成论，有研究经济领域中集成现象的特性和规律及其应用的经济集成论，有研究管理领域中集成现象的特性和规律及其应用的管理集成论，有研究社会领域中集成现象的特性和规律及其应用的社会集成论，等等。

这些专门集成论构成了一个庞大的学科群，一般集成论是这个学科群中各种学科的集成。在后面第三篇中，我们将在专门集成论的学科群中选择若干具体领域，分别对这几个具体领域的专门集成论进行讨论。

近年来，集成现象作为一种复杂性现象受到一些学者的关注，他们曾分别对一些领域中的集成现象进行过讨论，提出了各自的观点。下面介绍其中一部分工作。（因为收集到的资料不全，列举的工作可能有遗漏。）

刘晓强（1997）认为，集成论的研究对象包括两个方面：一是各种集成，如信息集成、技术集成、系统集成、功能集成、过程集成、环境集成、人与组织的集成等；二是各种集成之间的相互作用。他认为，集成论的研究内容包括以下几个方面：集成的分类、形式、产生条件和形成机制，集成的原理、规律和方法，各种集成之间的关系。他还提出了人的集成、综合集成、复杂巨系统分析、建模与仿真、集成论基础研究等若干研究方向。

海峰、李必强、冯艳飞（2001）在对广泛存在于经济和社会组织中集成现象进行分析的基础上，以系统论为基础，分析集成的本质和内涵，研究集成论的基本问题和基本范畴。他们认为，集成论的研究目标在于探讨包括集成条件、集成机理和集成规律等的集成理论体系，提出集成单元、集成模式、集成界面、集成条件、集成环境等集成理论的基本问题和基本范畴。

此外，有学者研究过一些具体领域中的集成现象，提出相应的理论。例如牛世盛（1997）关于生命整合论的研究，海峰、李必强（1999）关于管理集成论的研究，胡启勇（2002）关于文化整合论的研究，包含飞（2003）关于生物医学知识整合论的研究，李必强、胡浩（2004）关于企业产权集成论的研究，喻红阳、李海婴、吕鑫（2005）关于网络组织集成论的研究，陈捷娜、吴秋明（2007）关于产业集群的集成论的研究，等等。

上述一些研究工作分别从不同角度讨论了各种集成现象，虽然这些工作中并没有提出一般集成论的体系，但是他们进行了调查、分析和讨论，提供了集成现象的多方面的资料，为进一步的一般集成论研究作出了贡献。

6.3　一般集成论与系统论等理论的联系和区别

在20世纪，von Bertalanffy的一般系统论、Wiener的控制论、Shannon和Weaver的信息论、Piaget的结构主义理论、钱学森的开放的复杂巨系统理论陆续发表。这些理论在系统、控制、信息、结构、开放的复杂巨系统等方面进行了许多研究，阐述了系统、控制、信息、结构主义、综合集成法等许多重要概念。这些理论对 20 世纪科学技术产生了重大的、广泛的影响，也对本书一般集成论的研究有重要的启发。

这一节说明一般集成论和上述几种理论的联系，以及一般集成论区别于这些理论的特点。

von Bertalanffy 等对一般系统论进行了长期的研究。他的代表作是《一般系统论——基础·发展·应用》（贝塔朗菲 1987）。

一般系统论把系统定义为有相互关系的元素的集合。它着重研究适用于一般系统的模型和原理。一般系统论指出，一个系统的主要特征是整体性，整体大于部分之和。

一般集成论的理论和一般系统论有联系，在一般集成论的理论中有集成的系统和集成统一体等概念。但一般集成论讨论的问题和一般系统论讨论的问题是不同的，一般集成论着重讨论集成现象，特别是集成作用和集成过程的特性，而不是讨论一个系统的特性。一般集成论强调集成是过程，要用过程的观点研究集成现象。

Wiener 等对控制论进行了系统性的研究。他的代表作是《控制论——或关于在动物和机器中控制和通信的科学》（维纳 2007）。

控制论着重研究系统和环境之间以及系统内部的信息交换和通信过程，特别是其中自动调节的特性。控制论提出的主要概念是控制和反馈，认为系统对于环境的功能控制是通过反馈来实现的，反馈机制是动物和机器的有目的的行为的基础。

一般集成论的理论和控制论有联系，在一般集成论的理论中，有集成过程的调节和控制等概念。但是集成过程非常复杂，调节和控制等特性只是集成过程的一部分特性。一般集成论讨论的问题和控制论讨论的问题是不同的，一般集成论讨论集成现象，不但涉及集成过程的调节和控制，而且研究集成过程的其他许多机制，如互补、同步、优化、涌现等。

Shannon 和 Weaver 对信息论进行了深入的研究，他们的代表作是《通信的数学理论》(Shannon，Weaver 1949)。

信息论的主要概念是信息，用与热力学负熵相应的表示来定义信息。信息论讨论了信息的接受、传送、编码和利用等问题。

一般集成论的理论和信息论有联系，一般集成论的理论讨论集成过程中的信息加工，而且研究集成现象中的信息集成。但是信息加工和信息集成只是一般集成论面对的多种多样的集成现象的一类过程。一般集成论不仅讨论信息集成过程，而且讨论结构集成、功能集成、心理集成、社会集成等许多其他种类的集成过程。

Piaget 讨论科学认识的结构主义。他的代表作《结构主义》(皮亚杰 2006) 一书是他的"发生认识论"的一个组成部分。

结构主义的观念可以追溯到由 de Saussure 提出的语言学中关于语言的共时性的系统的概念 (索绪尔 1980)，以及心理学中完形学派的感知场概念 (Hothersall 1984)。

结构主义理论考察了许多不同学科领域的科学认识的结构，如数学结构、物理学结构、生物学结构、心理学结构、语言学结构、结构在社会研究中的应用，以及结构主义和哲学等。结构主义认为结构有三个特性：整体性、转换性和自身调整性。

一般集成论的理论和结构主义理论有联系，一般集成论的理论讨论结构问题，特别是集成现象中的结构集成和理论集成。但是一般集成论考察的范围很广，不仅是结构集成和理论集成，更不限于科学认识的结构。

钱学森在开放的复杂巨系统的理论方面进行了开创性的工作。他的代表性著作有《关于思维科学》(钱学森 1986)、《创建系统学》(钱学森 2007) 等。

他研究人工智能系统，提出开放的复杂巨系统的"从定性到定量的综合集成方法 (metasynthesis)"。这个方法是把专家群体、数据和信息，与计算机硬件、软件技术有机地结合起来，这三者本身构成一个系统。

在此基础上他还进一步提出"从定性到定量的综合集成研讨厅体

系（hall for workshop of metasynthetic engineering）"。这是采取人机结合、以人为主的技术路线，把世界上千百万人的聪明才能，包括人的思维、思维的成果、学科的知识、经验知识、各种情报资料及各种有关的信息综合起来，从而解决复杂问题。这些思想对指导科学技术，特别是人与机器结合的智能系统的未来发展具有深远的意义。

一般集成论的理论和开放的复杂巨系统理论有联系，两者都涉及集成的概念。但一般集成论的理论和开放的复杂巨系统理论所讨论的问题是不同的。开放的复杂巨系统理论从工程技术的角度，着重研究人工智能特别是人机结合、以人为主的智能系统，以及从定性到定量的综合集成法；而一般集成论则在向脑学习的基础上发展起来，着重讨论集成现象，特别是集成作用和集成过程的一般特性和规律及其应用。

总之，一般集成论和上述几种理论有许多联系，但一般集成论是和上述几种理论不同的理论。一般集成论和上述这些理论的区别，并不是它们的观点互相排斥，而是一般集成论和这些理论研究的对象、研究的内容、讨论的概念、研究的方法和应用的范围等都有所不同。

从研究的对象说，上述这些理论的研究对象分别是一般系统、控制过程、信息原理、知识结构、开放的复杂巨系统等，而一般集成论则把自然界、技术领域和人类社会中广泛存在的集成现象作为研究对象。

从研究的内容说，上述这些理论分别研究系统、控制、信息、结构、综合集成法等方面的规律，而一般集成论则研究自然界、技术领域和人类社会中各种集成现象的一般特性和规律，还分别研究各种类型的结构集成、功能集成、信息集成、心理集成、知识集成、环境集成的集成作用和集成过程。

从讨论的概念说，上述这些理论分别讨论与系统、控制、信息、结构、人工智能有关的各种概念，而一般集成论讨论与集成有关的概念。虽然一般集成论的理论也涉及集成过程中的系统、控制、信息等概念，但是一般集成论着重讨论的是集成、协调、优化、互补、同步等概念。

从研究的方法说，一般集成论和上述这些理论不同。一般集成论研究的出发点是向脑学习，从考察脑内集成现象开始，再进一步发展到其他领域的集成现象的研究，基于大量实验事实，归纳和总结集成现象的一般特性和规律。但是上述这些理论则并不研究脑，并不涉及脑的结构、脑的功能、脑内信息加工、脑的高级活动（例如意识）等。

从应用的范围说，一般集成论应用于不同的具体领域，讨论各个具体领域中的集成现象，从而发展出一个庞大的子学科群，如生物集成论、医学集成论、心理集成论、工程集成论、技术集成论、教育集成论、社会集成论等。这和上述这些理论也是不同的。

总之，一般集成论和上述这些理论既有联系又有区别。一般集成论的理论和前人理论是可以互相补充的，希望一般集成论的研究以及一系列专门集成论的研究能够在前人理论的基础上起补充和丰富前人理论的作用。

第三篇 一般集成论的应用

　　将一般集成论的理论应用到不同的领域，就要分别研究不同领域中的集成现象及其特点与规律，例如研究生物集成、心理集成、技术集成、工程集成、教育集成、社会集成，等等，这些研究形成一系列相关的学科。在下面几章中，将对生物集成论、心理集成论、知识集成论、工程集成论和教育集成论进行讨论，它们是一般集成论的应用的一些例子。

　　另一个很大的研究领域是将一般集成论理论应用于社会领域，研究社会领域的各种集成现象。我们把研究社会领域集成现象和规律及其应用的学科称为社会集成论，它的英文名称是 social integratics。它包括对各种社会现象中集成过程的研究，例如研究管理工作中集成现象和规律及其应用的管理集成论，研究团队组织中集成现象和规律及其应用的团队集成论，等等。这方面的研究具有实际意义，第六章已介绍过一些现有的工作，值得在这些工作的基础上，开展系统的、深入的研究（金迪斯等 2005）。

第七章 生物集成论

地球上存在多种多样的生物体，它们进行着形形色色的生命活动。第四章已经提到，生物世界具有层次性结构，有从生物分子到整个生物界许多不同的层次。在不同层次的生命活动中，有各种不同性质的集成现象。

应用一般集成论的观点对生物世界中的各种集成现象进行研究，将有助于了解不同层次生物体及其生命活动的特点。为此，我们提出建立一门研究生物世界集成现象和规律及其应用的学科，并把它命名为生物集成论，它的英文名称是 bio-integratics。

各种生物是进化的产物。不同层次生物体的集成现象各有特点，因此，生物集成论的研究范围很广。这一章选出三个问题进行讨论，分别是：生物集成与生物进化、活细胞的集成和人体的集成。

7.1 生物集成与生物进化

生物世界有许多层次。生物大分子，如核酸和蛋白质，是构成生物体的基本原料，还有许多其他生物大分子，如糖、膜分子等。由生物大分子、离子、水分子等构成的细胞是各种生物体的单位。由许多细胞构成的多细胞生物体，如动物、植物等，具有复杂的结构。生物群体和环境构成生态系统。

不同层次的生物体和生命活动具有不同的空间尺度和时间尺度。例如：生物大分子的空间尺度约是10^{-8}米量级，它们活动的时间尺度约在10^{-9}秒以下；活细胞的空间尺度约是10^{-6}米量级，它们的生命活动的时间尺度约在10^{-2}秒以上；多细胞生物体的空间尺度约在10^{-1}米以上，它们的生命活动的时间尺度约在10^{-1}秒以上；生态系统的空间尺度约在10^{2}米以上，它们的生命活动的时间尺度约在10^{2}秒以上。

前面第四章提到过生物世界中的集成现象。不同层次的生物体都是集成的产物。例如生物大分子是小分子集成的产物，细胞是生物大分子集成的，多细胞生物是细胞集成的，生态系统是生物体和环境集成的（常杰，葛滢2005）。

对于生物集成现象的研究，特别令人感兴趣的是不同层次生物体不同的集成作用和集成过程。在生物集成过程中，各种生物相互作用起重要的作用。不同的集成元素通过各种生物相互作用实现生物体的集成。在生命活动中存在几种不同性质的生物相互作用，它们是：生物体内部成分之间的相互作用，生物体之间的相互作用，生物体和环境之间的相互作用等。这些相互作用具有相互性，例如在生物体和环境之间，一方面，环境作用于生物体，改变生物体；另一方面，生物体作用于环境，改变环境。

每一个生物体有内部的生命活动，如代谢、生长等。每一个生物体都处于一定的环境中，并且与其他生物体共存。生物体和环境之间不断有物质、能量、信息的交流。生物体与其他生物体不断进行通信和交流。对于一个生物体来说，既有生物体内部的集成过程，又有生物体外部的集成过程。生物体内部各种成分集成为统一的生物体，这种内部的集成过程是通过生物体内部成分之间的相互作用来实现的。生物体和环境集成为生物与环境的统一体，这种外部的集成过程是通过生物体之间的相互作用及生物体和环境之间的相互作用来实现的。

生物世界中有各种各样的生物体。达尔文的物种起源学说揭示了生物进化和自然选择的规律，指出现今各种生物都经历了长期进化的过程，现代人是从高等灵长类动物进化而来的。从古人猿进化到现代人，经历了大约一千万年的漫长岁月（埃克尔斯 2004）。

现代人的神经系统也是进化的产物。现代人的神经系统具有精致的感觉、知觉和灵巧的运动、控制等功能，还有各种高级功能，它们都是高等灵长类动物经过长期进化和自然选择的结果。

Eccles 的《脑的进化》（埃克尔斯 2004）一书在考古学、神经解剖学和脑生理学等方面收集了关于古猿进化到人的大量科学证据，叙述了人类进化过程的主要特征，研究了人类进化中从猿人的脑演变到现代人的脑的进化史，还探讨了高等动物意识的起源。

对于在当时地球环境条件下生活的人类祖先来说，直立和二足行走在进化过程中起重要的作用，例如在直立和二足行走时，需要大脑皮层对各种肌肉的精细运动进行控制。人类劳动对脑的发展具有决定性的影响，例如在劳动中制造和使用木制和石制工具，需要手的精巧运动，这促进了大脑皮层运动区及其神经连接的进化。人类言语交流则促使大脑皮层与语言有关区域的进化。总之，脑的结构和功能都在进化中不断发展，人脑是长期进化的结果。

生物进化中有许多集成现象，这些集成现象的特点是经历非常长的时间进程，集成的目标和步骤都不是早先设计好，而是在进化过程中通过生物和环境的相互作用和自然选择逐步实现的。生物进化中的集成过程是"修补"式的集成过程。

7.2　活细胞的集成

细胞是进化的产物。细胞有原核细胞与真核细胞之分，原核细胞是没有细胞核结构的细胞，真核细胞是具有细胞核结构的细胞。这里只讨论真核细胞的情况。

活细胞不断进行着各种生命活动。我们讨论的活细胞的集成，是指活细胞生命活动中的各种集成现象。活细胞有复杂的结构和功能，它们是由各种细胞物质集成的，包括结构集成和功能集成。细胞内部具有四个结构和功能系统，即细胞核系统、细胞质系统、细胞膜系统和细胞骨架系统。细胞内的物质主要有：遗传物质、细胞质物质、细胞膜物质、细胞骨架物质等。

细胞核系统是细胞的遗传物质系统，其主要功能是实现遗传。遗传物质是载有遗传信息的 DNA 分子，它们集中在细胞核内。细胞核具有核膜界面，把细胞核内部物质和细胞质隔开，为遗传物质的储存和复制提供空间。通过核膜，细胞核内外不断进行物质、能量和信息的交流。细胞核是由内部各种成分集成的，在有丝分裂期间，细胞核进行重新集成。

细胞质系统含有各种物质，如生物分子、离子、水分子等，它们集成为许多种类的细胞器以及整个细胞。细胞质系统的主要功能是实现细胞各种生命活动，在这个系统中有物质运输、能量代谢、信息传递等过程。在有丝分裂期间，细胞质重新集成。

细胞膜系统包括质膜、核膜等，细胞内还有许多具膜的结构。这个系统的主要功能是提供分隔物质的空间和内外物质交流的界面。例如质膜，即细胞膜，形成细胞内部和外部之间的界面，提供细胞内部生命活动的空间，并且促进细胞内外的交流。质膜有脂双层分子，膜上有许多蛋白质，形成受体、离子通道和水通道等，质膜主要是由这些部件集成的。

细胞膜的网架支撑流动膜模型提出，细胞膜包括脂双层和膜骨架两部分；脂双层有双层结构，上面镶嵌着膜蛋白；脂双层底部的膜骨架由骨架蛋白构成，起支撑脂双层流动膜的作用，同时提供膜物质输运的网络（Tang 1998）。

细胞骨架系统的主要成分是微丝、微管、中间纤维等，由它们集成为细胞内的纤丝结构。这个系统的主要功能是提供细胞支撑结构，并且保证细胞内部物质输运，例如细胞内的颗粒在马达蛋白的作用下，可以沿着细胞骨架进行转运。

　　实验上曾用水霉细胞作为材料，研究细胞内骨架系统的结构和功能。用电子显微镜和光学显微录像方法，测量了细胞内纤丝的结构和特性，以及细胞颗粒沿纤丝运动的现象。实验结果表明，在活细胞内部存在着一个由细胞骨架组成的柔性的细胞输运系统（阎隆飞，唐孝威，刘国琴 1994）。

　　细胞的四个结构和功能系统都是由生物大分子集成的产物，在活细胞内，这四个系统不是孤立存在的，在它们之间有紧密的联系。活细胞的整体是由这四个系统集成的复杂系统，这四个系统的协调运行，保证了活细胞正常的生命活动。

　　在真核细胞的生长和分裂过程中，存在许多特殊的集成现象。真核细胞有分裂周期，其中包括间期和分裂期。细胞在间期中生长，细胞生长过程中的物质集成是细胞集成多种形式中的一种。在分裂期形成子细胞，子细胞形成过程中的集成现象是细胞集成的另一种形式。这种过程是在母细胞内部复制和物质分配的基础上，子细胞进行建构的集成过程。

　　真核细胞有丝分裂包括分裂前期、前中期、中期、后期 A、后期 B 等几个阶段。在分裂前期，细胞内组成染色体，并且呈现纺锤体，纺锤体有两个极。在前中期，染色体运动，移向纺锤体的赤道平面。在中期，全部染色体在纺锤体的赤道平面上排列，并往复振荡，然后一起分裂为染色子体。在后期 A，染色子体分别向纺锤体的两极运动。在后期 B，染色子体到达纺锤体两极附近，同时细胞分裂为子细胞。

　　有丝分裂中染色体受的力影响它们的运动，而染色体的运动是细胞集成过程的重要部分。我们曾经对染色体受力的特性进行研究，根据有丝分裂后期染色子体向纺锤体极运动的实验数据，确定使染色子体运动的力并不与染色子体牵引丝的长度成正比，而是保持恒定值（唐孝威1992）。

　　在有丝分裂过程中进行着细胞集成。到后期 B，当染色子体到达纺锤体两极附近时，子细胞完成整体的集成，子细胞是由染色子体和重新分配的细胞质与质膜等集成的产物。这时还发生子细胞核的重构，这也是子细胞核的集成。细胞分裂的结果是形成两个相对独立的子细胞。

对细胞集成过程的实验研究很多。例如实验上曾用爪蟾卵为材料，专门研究过细胞核重建现象（杨宁等 2003）。用扫描原子力显微镜观察到细胞核重建的动态图像。这项研究表明，细胞核重建是细胞集成的过程。

实验上还曾用花粉管为材料，研究过细胞顶端生长现象（唐孝威等 1992）。用显微录像和分析，观察到在花粉管顶端生长过程中，花粉管内的物质从胞体源源不断地输运到顶端部位，使顶端得以向前生长，这种生长过程不是连续进行，而是突跳式进行的。这项研究表明，花粉管顶端生长是细胞集成的过程。

7.3　人体的集成

人体是复杂的生物系统，具有循环系统、呼吸系统、消化系统、神经系统、骨骼系统、生殖系统等许多子系统。循环系统有血液循环的功能，呼吸系统有吸入氧气、排出二氧化碳的功能，消化系统具有消化食物、摄取营养的功能，神经系统有控制调节的功能，骨骼系统有支撑躯体、保证运动等功能，生殖系统有繁殖后代的功能。此外还有内分泌系统和免疫系统。这些子系统协调地活动，组成统一的人体。在人体的生命活动中，人体内部有物质、能量和信息的交流，同时人体还与外部环境进行物质、能量和信息的交换。

从生物集成的观点看来，人体由各个子系统集成，这里不仅有结构的集成，还有功能的集成和信息的集成。人体是一个整体，Sherrington（1906）在《神经系统的整合作用》一书中讨论过将人体各个部分集成为人的整体的机制。他认为人体各部分是通过神经活动、血液循环、内分泌过程等途径集成的，其中神经的集成作用最为重要。

按照中国传统医学，人体内部存在经络。"关于人体经络的一个试探性假说"（唐孝威，沈小雷，何宏建 2008）一文曾经讨论过人体经络。从人体集成的观点看来，人体经络可能是人体内部集成过程的途径之一。下面引用该文的一些说明：

中国传统医学的长期实践证实针刺穴位的治疗作用。大量临床观察和实验研究资料表明，针灸对机体各个系统、各个器官功能几乎均能发挥多方面、多环节、多水平、多途径的综合调整作用。

针刺穴位的作用，离不开穴位这个针刺的施术部位。传统中医认为，穴位也称腧穴，是人体脏腑经络之气血输注出入于体表的部位。它们不是孤立于体表的点，而是与脏腑组织器官有着密切联系、互相输通的特殊部位，是诊察和治疗疾病的所在。每一个腧穴都与脏腑有特定的联系，这种联系的通道就是经络。

穴位与脏腑组织器官是互相输通的，穴位的输通作用是双向的。在体表的腧穴处针刺或艾灸等能治疗脏腑经络的病症，脏腑的生理状况及病理变化也可通过经络反映在相应的腧穴上。在病理状态下，某些腧穴常会出现特定的变化，例如胃肠病患者常在足三里、地机等穴出现明显压痛，肺脏病患者常在肺俞、中府等穴出现明显压痛和皮下结节。脏腑病症在相应腧穴的反映，主要是通过经络来完成的，其主要表现有压痛、酸楚、硬结、松陷等。这有助于诊断疾病，并在治疗上帮助选择有效穴位。

针刺穴位治疗相应脏腑病症，脏腑病症也会通过经络在体表相应的穴位上出现异常变化，这种与针刺穴位相关的脏腑，称为"靶点"，穴位与靶点内外相应。这种体表与内脏之间的相关性，就是以经络为基础的。

对于经络的认识及经络学说是在医疗实践中逐步形成并不断充实和发展的，它有广泛的实践基础，已成为中医理论的重要内容之一，也是针灸理论的依据。经络是具有联系、反应和调整功能的系统，是人体组织结构的重要组成部分，它与脏腑、形体、官窍等组织器官共同构成了人体，又遍布周身，纵横交贯，通过有规律的循行和复杂的网络交会，将人体联系成统一的有机整体。经络系统由经脉和络脉组成，是由经脉和络脉相互联系、彼此衔接而构成的体系。经脉是经络系统中的主干，深而在里，贯通上下，沟通内外。络脉是经脉别出的分支，浅而在表，纵横交错，遍布全身。经络系统密切联系周身的组织和脏器，在生理、病理和防治疾病方面都起着重要的作用。

科学工作者对经络现象及其实质进行了多方面的观察与研究，但是对于经络的物质基础至今还没有定论。

人体是由许多系统集成的一个复杂系统，其中神经系统、内分泌系统和免疫系统组成人体内部具有调控功能的神经－内分泌－免疫的整体系统。近年来对神经－内分泌－免疫网络，特别是神经－内分泌－免疫系统调节的分子机制进行过许多研究。这些研究表明，人体内部的神经系统、内分泌系统和免疫系统是一个整体，它们形成神经－内分泌－免疫的整合性网络。

神经－内分泌－免疫系统是心身统一体的重要组成部分。从生理和心理角度说，心身相互作用是通过神经－内分泌－免疫系统的活动来实现的。神经系统包括中枢神经系统和周围神经系统。在内分泌系统中，内分泌腺释放激素，影响体内效应器的活动。激素是内分泌腺分泌的化学物质，例如肾上腺素、去甲肾上腺素、皮质醇等都是激素。免疫系统产生抗体，抵抗外来的病原。抗体能够识别和抵抗体内异物，例如血液和体液中的抗体具有杀灭和抑制细菌的功能。

在神经－内分泌－免疫系统中，有神经信号的传递，还有化学物质的传递，包括各种激素和神经递质等。这些化学物质会和细胞受体结合而影响免疫系统的功能。在 McCann 等（1998）和 Melmed（2001）的论著中，对在神经内分泌系统与免疫系统界面处发生的生理过程和分子相互作用有详细的阐述。

神经信号可以直接支配体内效应器的活动，又可以通过支配内分泌腺的活动来调节和控制体内效应器的活动。例如在情绪激动时，脑内信号引起自主神经系统的反应，调控内分泌系统的活动。肾上腺分泌皮质激素，通过血液传送到体内各部分。皮质激素的升高会抑制免疫系统的活动，影响免疫系统抵抗疾病的能力。而免疫系统活动的变化反过来会影响神经系统，Maier 和 Watkins（1998）曾研究过免疫系统对中枢神经系统的作用。

内分泌激素是通过血液流动而传递的。因为化学物质的传递速度比神经信号的传递速度低，所以内分泌的化学物质的作用在时间上比神经信号的作用慢，而内分泌的化学物质作用的持续时间则比神经信号作用的持续时间长。

心理神经免疫学的研究表明：在神经－内分泌－免疫系统中，如果任何一个系统发生紊乱，就会对其他两个系统产生不利的影响。例如神经系统的紊乱会使内分泌系统失调和免疫系统功能减退。在免疫系统中，若抗体的形成过程受到障碍，人的免疫功能会失调。

通常认为，神经－内分泌－免疫系统遍及全身，具有弥散分布的特点。虽然目前这种弥散分布的神经－内分泌－免疫系统的观点能够说明许多生理现象，但是它难以直接说明人体具有确定穴位和针刺穴位治疗作用的经验事实。我们对目前弥散分布的神经－内分泌－免疫系统的观点加以改进，提出具有敏感节点和功能连接的神经－内分泌－免疫网络的假设。

自然界中存在的大量复杂系统都可以通过形形色色的网络加以描述。一个典型的网络是由许多节点与连接两个节点之间的一些边组成的，其中节点用来代表真实系统中不同的个体，而边则用来表示个体间的关系。往往是两个节点之间具有某种特定的关系则连一条边，反之则不连边，有边相连的两个节点被看做是相邻的。例如，神经系统可以看做是大量神经细胞通过神经纤维相互连接集成的网络，计算机网络可以看做是自主工作的计算机通过通信介质如光缆、双绞线、同轴电缆等相互连接集成的网络。类似的还有电力网络、社会关系网络、食物链网络，等等。神经－内分泌－免疫系统也是一种复杂的网络。

具有敏感节点和功能连接的神经－内分泌－免疫网络的假说的要点是：

第一，人体内部的神经－内分泌－免疫系统是一个复杂网络。这个网络既有遍及全身的弥散分布结构，又具有一系列敏感节点和敏感节点间的功能连接。功能连接导致具有空间距离的神经事件之间的时间相关。它区别于结构连接，但又以结构连接为基础，反映了不同结构对神经、生理事件的相似响应。

第二，功能连接是通过神经－内分泌－免疫系统中神经信号的传递和化学物质的传递等物质过程来实现的。

第三，在这个复杂网络的敏感节点上施加的物理刺激（如针刺、艾灸、电刺激等），可以对网络起调控作用。不同的敏感节点与相关靶点相联系，分别起治疗相关疾病的作用。一系列针刺穴位是这个复杂网络的敏感节点。

我们根据人体集成的观点提出的上述假说，把人体经络的实质和具有敏感节点和功能连接的神经－内分泌－免疫网络联系起来。如果中国的传统医学中的人体经络是具有敏感节点和功能连接的神经－内分泌－免疫复杂网络中的组成部分，网络中的敏感节点相当于一系列人体针刺穴位，敏感节点间的功能连接相当于连接一系列针刺穴位的经络，那么人体经络的观念就可以和改进后的神经－内分泌－免疫系统的观念统一起来。当然，这个复杂网络除包含敏感节点和功能连接外，还包含弥散分布的分支通路等。

从生理功能来说，如果人体经络相当于这个复杂网络中一系列敏感节点及其功能连接的部分，人体经络的功能就可以和神经－内分泌－免疫系统的生理功能联系起来。这个复杂网络不仅是遍及全身的系统，而且可以通过敏感节点及其功能连接对身体起调控作用。

复杂网络不但有空间结构，复杂网络中的相互作用还具有时间维度。根据上述假说，对应于针刺复杂网络，针刺穴位的治疗作用既有空间特性，又有时间特性。针刺治疗作用的空间特性表现为：复杂网络中确定的敏感节点有相应的调控靶点并对特定的疾病起治疗作用。针刺治疗作用的时间特性表现为：治疗作用在时间上包含快成分和慢成分两个部分。针刺治疗作用的快成分是针刺穴位引起神经－内分泌－免疫网络激活时神经信号作用的成分。神经信号直接控制靶点，神经信号传递速度快而持续时间较短，因而起即时的调控治疗作用。针刺治疗作用的慢成分是：针刺穴位引起的神经－内分泌－免疫网络激活时，内分泌和免疫信号所起的作用。内分泌激素的传递速度比神经信号传递速度慢，但内分泌及免疫物质作用的持续时间比神经信号的持续时间长，因而可能存在治疗的持续效应。

第八章　心理集成论

　　丰富多彩的心理活动中存在多种多样的集成现象。应用一般集成论的观点，对心理活动中各种集成现象的特点进行研究，是令人很感兴趣的。我们提出建立心理集成论的学科，这是一门研究心理活动集成现象和规律及其应用的学科，心理集成论的英文名称是 psycho-integratics。

　　心理活动中集成现象非常多，第二章介绍过心理活动中的各种绑定现象，它们是心理集成的典型例子。思维集成也是心理集成的一种表现。这一章选出心理活动集成现象的若干方面分别进行讨论：心理相互作用与心理集成、意识的集成、认知的集成、心智的集成，以及心智与行为的集成等。

8.1　心理相互作用与心理集成

　　心理相互作用对心理活动的集成过程十分重要，心理集成过程是通过各种心理相互作用来实现的。因此需要研究心理现象中各种心理相互作用的特性，以及如何通过心理相互作用实现不同的心理集成过程。

　　心理现象包括各种心理和行为。个体的心理现象除内部的心理活动外，还涉及脑、身体、自然环境和社会环境等不同层次的许多因素。心脑、身体、自然环境、社会环境是一个集成的统一体，在这个统一体中，心理活动和脑、身体、环境、社会等各种因素不是孤立的，而是不断地进行着相互作用。

我们受物理学研究各种物理相互作用及其统一性的启发，提出了心理现象中的心理相互作用的概念，在《统一框架下的心理学与认知理论》（唐孝威 2007）一书中讨论了有关心理现象中心理相互作用的各种问题。我们把心理现象中的相互作用称为心理相互作用，指出在多种多样的心理现象中，存在着几种不同种类的心理相互作用。某种心理相互作用，是心理活动和某种因素之间的相互作用，包括这种因素对心理活动的作用，以及心理活动对这种因素的反作用。以个体的心理活动和社会环境之间的关系为例，社会环境对个体的心理活动有作用，而个体的心理活动对社会环境有反作用，这就是它们之间的相互作用。

丰富多彩的心理活动是在人的脑内进行的，生机勃勃的脑和身体又处在千变万化的环境之中，千变万化的环境中形形色色的事物作用于个体的心、脑和身体，个体的心、脑和身体通过多种多样的行为作用于环境中的事物。因此，在研究个体的心理活动时，既要考察个体的心脑系统内部各种因素之间的关系，还要考察个体的心脑系统与各种外部因素之间的关系。

我们考察心理活动时个体心脑系统内部各种因素的关系，看到有几种不同性质的心理相互作用，其中有心理活动的各种成分之间的相互作用，还有心理活动和脑之间的相互作用。

心理活动包括感觉、知觉、学习、记忆、注意、思维等。心理学中对这些过程都有定义（Sdorow 1995，彭聃龄 2001）。例如，学习是个体在一定情景下由于反复地经验而产生的行为或行为潜能的比较持久的变化，记忆是在头脑中积累和保存个体经验的过程，思维是借助于语言、表象或动作实现的、对客观事物的概括的和间接的认识，推理是由具体事物归纳出一般规律、或由一般原理推出新结论的思维活动。

前面提到，心理活动有觉醒－注意成分、认知成分、情感成分、意志成分等多种成分，这些不同的心理活动成分不是孤立的，而有紧密的联系，并且不断地进行着相互作用。心理活动的每一种成分和其他成分之间都有相互作用，这些作用具有相互性，即心理活动的这种成分对其他成分有作用，而心理活动的其他成分对这种成分也有作用。以认知活动和情感活动之间的关系为例，认知活动对情感活动有作用，情感活动对认知活动也有作用，这就是它们之间的相互作用。这些相互作用称为心理活动各种成分之间的相互作用，简称心理成分相互作用。心智是各种心理成分的集成，心智的集成是通过心理成分相互作用来实现的。

从心理活动和脑的关系看，心理活动是脑的功能，脑是心理活动的基础。心理活动的各种成分是脑功能而不是某种实体，所以心理成分相互作用不是一些实体之间的相互作用。然而这些心理成分都以脑为物质基础。心理活动的各种成分之间相互作用的脑机制，是脑内各个功能系统之间的相互作用。

心理活动和脑之间有相互作用，包括心理活动对脑的作用，以及脑对心理活动的作用，这些作用具有相互性。这些相互作用称为心理活动和脑之间的相互作用，简称心脑作用。心脑系统是心智与脑的集成，心脑集成是通过心理成分相互作用和心脑相互作用来实现的。

心脑关系是心理活动和脑之间的关系，心脑相互作用是心脑关系的重要内容。心理活动不能离开脑进行，心脑相互作用是作为脑的功能的心理活动和脑的实体之间的相互作用，因此心脑相互作用的性质和心理成分相互作用的性质不同。

我们再考察个体心理活动时心脑系统和各种外部因素的关系，可以看到心理活动和多个层次的外部因素之间的各种相互作用，它们是不同性质的心理相互作用。这些作用都具有相互性，既有作用，又有反作用。

从心理活动和身体的关系看，与心理活动相互联系的各种生理信号在身体内部的神经－内分泌－免疫系统中传递，将心理活动与身体活动联系起来。以神经信号为例，外界环境的刺激在身体的接收器官处产生神经信号，这些神经信号由身体内的神经系统传递到脑，引起各种感知觉；而由脑输出的神经信号则由身体内的神经系统传递到身体的各部分，支配身体的运动器官的运动。心理活动和身体之间的相互作用包括心理活动对身体的作用，以及身体对心理活动的作用。这些相互作用称为心理活动和身体之间的相互作用，简称心身相互作用。心、脑、身体系统是心、脑、身体的集成，这种集成是通过心理成分相互作用、心脑相互作用和心身相互作用来实现的。

心身关系是心理活动和身体之间的关系。脑是身体的器官，是身体的一个部分。心理活动作为脑的功能，不能离开脑而进行，脑又不能离开身体而独立存在。心身相互作用是心身关系的重要内容。心身相互作用的性质和心脑相互作用不同。在心身关系和心身相互作用中，心不是一种实体，而是脑的功能。

个体总是处于外界环境之中，在个体的心理活动和自然环境之间有相互作用，一方面，心理活动通过脑和身体，产生行动而对自然环境作用；另一方面，自然环境不断给个体各种刺激，通过身体和脑而对心理活动作用。这些相互作用称为心理活动和自然环境之间的相互作用，简称心物相互作用。心-脑-身体-环境系统是心、脑、身体、环境的集成，这种集成是通过心理成分相互作用、心脑相互作用、心身相互作用和心物相互作用来实现的。

心物关系是心理活动和环境中物的关系，即个体的心理活动和个体所处的自然环境中的客观事物的关系。心物相互作用是心物关系的重要内容。心物相互作用是由心、脑和身体组成的系统和客观环境之间的相互作用。心物相互作用和心身相互作用的性质不同。在心物关系和心物相互作用中，心不是某种实体，而是脑的功能。

个体处于社会环境中，在个体的心理活动和社会环境之间有相互作用，一方面，心理活动通过脑和身体，产生行动而对社会环境作用；另一方面，社会环境不断给个体各种刺激，通过身体和脑而对心理活动作用。这些相互作用称为心理活动和社会环境之间的相互作用，简称心理-社会相互作用。心、脑、身体、社会环境是心、脑、身体、社会环境的集成，这种集成是通过心理成分相互作用、心脑相互作用、心身相互作用、心物相互作用和心理-社会相互作用来实现的。

　　个体心理活动和社会环境有密切的关系，个体心理－社会相互作用是个体心理和社会环境关系的一个重要内容。心理－社会相互作用和其他心理相互作用的性质不同。在个体心理和社会环境的相互作用中，个体的心理活动不是一种实体，而是个体脑的功能。

　　上面提到心理活动的各种关系，如心理活动各种成分之间的关系、心理活动和脑之间的关系、心理活动和身体之间的关系、心理活动和环境中物之间的关系以及心理活动和社会环境之间的关系等。在心、脑、身体、自然环境和社会环境集成的统一体中，存在多个层次和多个方面的复杂网络。

　　归纳起来，心理现象中存在着不同性质的五种心理相互作用，它们是：心理成分相互作用、心脑相互作用、心身相互作用、心物相互作用以及心理－社会相互作用。心理现象中的心理相互作用非常复杂。在一种心理现象中，往往不是只有单独一种心理相互作用，而有多种心理相互作用的集成。在心－脑－身体－自然环境－社会环境的集成统一体中的集成过程，是通过上述五种心理相互作用来实现的。

　　《智能论——心智能力和行为能力的集成》（唐孝威 2010）一书指出，这几种心理相互作用的种类不同，相互作用的空间范围不同，相互作用的时间范围不同，相互作用的途径不同，相互作用的方式不同，相互作用的结果不同。然而这些不同的心理相互作用都是在心－脑－身体－环境－社会的统一体中各个层次进行的，它们都以心脑系统的活动作为共同的基础，因而它们可以在心脑统一性的基础上统一起来。

　　心理相互作用的特点之一是作用的相互性，即既有作用，又有反作用。以心脑相互作用为例，一方面，脑内神经系统的电活动和化学反应是心理活动的生物学基础，它们对心理活动起决定的作用，各种心理活动都有相应的脑机制；另一方面，心理活动过程中伴随着的神经系统的电活动和化学反应，对脑内神经网络起塑造的作用。因此心理活动和脑之间的作用是相互的。

　　心理相互作用的另一个特点是作用的动态性。个体的脑和心智是在各种心理相互作用的共同作用下发展的。以心脑相互作用为例，脑内不断进行心理活动，脑对心理活动的作用以及心理活动对脑的作用，使心脑系统协调地工作；脑具有可塑性，个体的心理和脑内神经网络在这种动态作用下不断发展。

8.2 意识的集成

意识是复杂的心智现象，意识的集成是复杂的心理集成现象中的一种。对于意识的集成，要从许多不同的方面进行研究。意识状态和意识体验是意识的两个重要方面，这一节从意识状态的集成和意识体验的集成两个方面的集成过程考察意识的集成。

Searle（2000）在讨论意识的特性时说，意识具有一系列性质，如定性的性质、主观的性质、统一的性质和流动的性质等。意识的定性性质是指个体有意识状态时总有一个特定的定性体验，意识的主观性质是指个体有意识状态是个体主观的体验，意识的统一性质是指个体的意识体验是整体的体验，意识的流动性质是指个体的意识体验是随时间不断地更新的。

从意识集成的观点看来，意识的主观性质、统一性质和流动性质都与意识的集成密切相关：意识的整体体验是意识集成的结果，而意识体验的流动性质是意识集成的过程，意识的主观性质则说明意识集成是在个体心脑系统内部的集成现象。

从意识状态的角度考察意识活动，整体的意识状态是由有意识、无意识、潜意识等各种意识状态集成的。心智活动包括有意识活动和无意识活动，心智结构中还有潜意识成分（唐孝威 2008a）。

可以按脑内信息加工的内容是否进入个体意识，而把脑内信息加工分为个体有意识的信息加工和个体无意识的信息加工。脑内信息加工过程进入个体意识而被个体觉知的，称为有意识的信息加工，它们参与有意识的认知活动，是外显的信息加工。脑内信息加工过程不进入个体意识而不被个体觉知的，称为无意识的信息加工，例如脑内有许多信息加工过程，由于加工过程中相应的脑区激活水平低于意识阈值，就不能进入个体意识。虽然无意识的信息加工不被个体觉知，但是它们也参与认知活动，是内隐的信息加工（唐孝威 2004）。

此外，脑内有些信息加工过程，因为相关的神经活动与觉知系统没有联系，所以它们不可能被个体所觉知。例如脑内信息的储存过程、脑内信息的传递过程，以及脑内信息加工的步骤等。它们称为"非意识"的神经活动。脑内专一性的信息是由相应的脑区储存的，当相应的脑区未被激活时，这些信息未被提取，也未被加工。脑内信息处于储存但未被提取加工的状态，称为"潜意识"状态（唐孝威 2008a）。

上面所说的有意识、无意识和潜意识都是意识状态。这里对无意识和潜意识的定义和有些研究者的定义不同，有些研究者把这里说的无意识活动称为潜意识或下意识，而把这里说的潜意识状态称为记忆痕迹。

在《意识论——意识问题的自然科学研究》（唐孝威 2004）一书中，我们把不同的意识状态看做是意识的不同能态：潜意识是意识的基态，无意识活动是脑区激活后水平在意识阈值以下的低激发态，有意识活动是脑区激活水平在意识阈值以上的高激发态。

整体的意识状态是意识的基态、低激发态和高激发态的集成。在一定条件下，这些不同的能态间发生跃迁，例如信息的有意识提取是意识基态到高激发态的跃迁，信息的无意识加工转变为信息的有意识加工是意识低激发态到高激发态的跃迁，信息的有意识加工转变为信息的无意识加工是意识高激发态到低激发态的跃迁，等等。在 Baars（1988）提出的意识全局工作空间理论、Dehaene（2001）提出的意识的神经全局工作空间理论和我们提出的扩展的意识全局工作空间理论（宋晓兰，唐孝威 2008）中，都讨论了无意识活动进入全局工作空间而成为有意识活动的过程。

作为复杂心理现象的意识是有内部结构的，意识体验有一些基本的要素，如意识觉醒、意识内容、意识指向和意识情感。大量的实验事实表明，意识与觉醒相联系，意识活动具有内容，意识过程还伴随着意向和情感。这四个意识要素分别反映意识体验的重要特征，它们都有心理学的意义。从意识体验的角度考察意识活动，整体的意识体验是由意识觉醒体验、意识内容体验、意识指向体验和意识情感体验等各种意识体验集成的。我们在《意识论 —— 意识问题的自然科学研究》（唐孝威2004）中曾对意识要素进行过讨论。

意识觉醒是意识体验的一个要素。意识具有主观性，意识体验是个体的主观体验，而个体在觉醒状态时才会有各种主观体验。意识觉醒有不同程度，它反映一定时刻个体意识体验的强度。个体不但能体验到自己是否觉醒，而且能体验到自己的觉醒程度。因为一定的觉醒状态是意识活动的基础，所以意识觉醒是意识体验的要素之一，这个要素称为意识觉醒要素。

个体的意识觉醒要素和生理状况有关，受个体生理状况的制约。例如意识觉醒程度有昼夜的节律性变化，在清醒时和睡眠时，个体的觉醒程度不同，觉醒程度还会随着个体身体生理状况而变化。

意识体验具有整体性，意识觉醒要素描述个体意识体验的整体状况。意识体验具有流动性，个体意识觉醒程度是变动着的，某一时刻个体意识觉醒程度是这一时刻的特性，它反映的是这一时刻附近的一定时间间隔内觉醒程度的平均水平。觉醒是觉知的必要条件，意识觉醒还和意识体验的其他要素有关。

意识内容是意识体验的另一个要素。个体不但能知道自己是否有觉知，而且还能知道自己觉知的是什么或觉知了什么。个体觉知的是什么或觉知了什么，就是个体主观体验的具体内容。个体在这些意识体验的基础上，还能进一步知道自己觉知的内容所具有的意义。

意识内容包括进入意识的事件和知识等。个体意识体验的具体内容是多种多样的，例如体验某种过程或某种情景，又如体会某种观念或某种思想。无论个体觉知的是事物、事件还是知识，它们都有具体的内容，这些内容有心理学的意义。因为意识体验总是包含具体的内容，所以意识内容是意识体验的要素之一。

意识是不断变动的，意识内容不断变动，它们表示在某一时间进入个体意识体验的内容，也就是在这一时间个体意识体验到的具体内容。意识内容是信息，意识内容的变动形成脑内的信息流。在意识内容中有脑内加工的各种信息，即心理活动的内容。除脑接收的输入信息和相应的主观体验外，意识体验的内容还包括对信息意义的理解。在意识内容中还有脑发出的输出信息，即支配的动作的内容。

个体的意向和情感都包括信息，它们也构成广义的意识内容，但是意识内容要素讨论的是事物、事件和知识方面的信息，以及对这些信息意义的理解，它们和意向、情感有区别。因此，除意识内容要素之外，把意识指向要素和意识情感要素列为意识体验的另外两个要素。

意识指向是意识体验的一个要素。意识有指向性或意向性。个体的意识体验导致个体有进一步的意向，特别是在了解所体验内容的意义的基础上，个体的意向更加明确。意识内容是不断流动的，意识指向促进意识内容的流动，使这一个时刻的意识内容转到下一个时刻的意识内容。这些意识指向使个体给自己提出各种目标和计划，并且促使个体实现能动的活动。个体这种在指向方面的主观体验具有心理学的意义，所以它们是意识体验的要素之一。

意识情感是意识体验的另一个要素。个体除有感觉、感知和意向方面的意识体验外，还有情绪和情感方面的意识体验，心理学中把时程较短的感情称为情绪，把有长时程、稳定性的感情称为情感。情绪和情感方面的意识体验都具有心理学的意义，这种主观体验构成意识的重要组成部分。它们是普遍存在的，所以是意识体验的要素之一。

意识体验的每一种意识要素都包括许多不同的类别和特征。以意识内容要素为例，前面提到有两类意识内容，一类是主观体验的事物和事件的内容，如事物的特性、事件的情景及时间、空间特性等，还有对它们意义的理解；另一类是主观体验的知识内容，如各种知识概念和规律等，还有对它们意义的理解。

意识体验的每一类内容还包含许多具体的特征。在事物的特性和事件的情景方面，可以按感觉通道分为视觉感知的内容、听觉感知的内容、味觉感知的内容、嗅觉感知的内容、触觉感知的内容，等等。意识内容又有单一特征的感知和复合特征的感知，后者是在各种不同的感觉通道之间的特征感知集成的结果。人们讨论最多的是视觉感知的内容，称之为视觉意识（Crick，Koch 2003；Zeki et al 2003），实际上它们只是意识内容的一部分。类似于意识内容要素，意识觉醒、意识指向和意识情感都分别包括各自的类别和特征。例如，意识觉醒要素包括个体不同觉醒程度的特征，意识指向要素包括各种不同指向的特征，意识情感要素包括各种不同情感的特征等。

由于意识具有主观性，意识总是属于个体自我的。与个体自我相联系的意识活动称为自我意识，其中包括四个意识要素中与个体自我相联系的部分。个体的自我意识不但属于个体自我，而且还是涉及个体自我的意识活动，例如与个体自我相联系的意识觉醒、意识内容、意识指向和意识情感。

在自我意识中，自我包括个体自身当前的存在和活动、个体自我过去的经历和个体自我未来的规划等，又包括个体与环境的关系和个体与他人的关系等。个体通过自己当前的存在和活动、自己过去的经历和自己未来的规划，以及自己和环境的关系与自己和他人的关系等，来确认个体自我。个体具有自我意识，因而能够认识自我以及自我在环境中的位置（唐孝威 2004）。

意识体验的集成观点不仅着重在心理学方面讨论意识要素及其集成，还在脑的系统水平上讨论意识要素的脑基础和意识要素集成的脑机制。意识体验是意识觉醒、意识内容、意识指向和意识情感这四个意识要素的集成，这四个意识要素对于整体意识都是必需的，缺一不可：个体觉醒才有意识体验，意识体验总有内容，意识体验总有指向，意识体验必定带有情感的"色彩"。

整体意识具有统一性。意识四个要素不是机械地并列的，而是通过它们之间的相互作用集成为整体的意识。在四个意识要素之间有密切的联系。意识的四个要素中最基本的要素是意识觉醒要素，它为意识的其他三个要素提供支持，而意识的其他三个要素都会影响意识觉醒。

意识内容要素和意识情感要素之间的密切联系表现为：意识内容经过脑内分析和评估，评估的结果支配意识情感；而意识情感则对脑内信息加工过程起调制作用，从而影响觉知的意识内容。意识内容要素和意识指向要素之间的密切联系表现为：意识内容经过脑内的评估和抉择，形成意识指向；而意识指向则指导信息获取、选择和加工的过程，从而影响觉知的意识内容。意识情感要素和意识指向要素之间的密切联系表现为：意识情感影响意识指向的形成和发展，而意识指向则使意识情感发生转移和变化（唐孝威 2004）。

8.3　认知的集成

认知是心智的重要成分，是人脑的高级功能。认知包括多个层次和各种形式的活动，如前面提到过的感觉、知觉、学习、记忆、注意、思维、语言等。从一般集成论的观点看来，认知是这些不同形式的活动的集成。在认知过程中，这些活动相互依赖、相互影响。它们之间的相互作用往往不仅是某两种活动之间的相互作用，各种不同形式的活动是交叉地进行的，这些活动之间的各种交叉相互作用形成了认知活动的复杂网络。

认知神经科学把认知看做是脑内的信息加工过程，在信息加工中有各种信息的集成。这一节从信息加工和意识活动集成的角度来考察认知过程，也就是说，在认知过程中不但存在着信息加工，而且存在着意识活动，信息加工和意识活动是紧密耦联和集成在一起的。

认知过程常从外界环境获取信息开始，经过脑内的信息加工、主观感受、意义理解、事件评估、形成决策，再主动调控和支配行动，并作用于环境。

个体受客观事物的物理刺激而产生主观感受，这些感受是个体对物理刺激的内容和性质的主观体验。个体对红色物体有红色的主观感受，对声响刺激有声音的主观感受，对自己身体疼痛有疼痛的主观感受，等等；这些主观感受或主观体验是意识活动的基本特性。对物理刺激的主观感受是认知的基础，它们在认知过程中是必不可少的。

个体的认知不但有对客观事物的物理刺激的主观感受，而且还有对物理刺激相关信息的意义的理解。个体根据自己长期积累的经验，对主观感受作出解释，并且把各种相关的信息组织起来。在有红色的主观感受时，个体会对红色的意义作出自己的解释；在有声音的主观感受时，个体会对声音的意义作出自己的解释；在有疼痛的主观感受时，个体会对疼痛的意义作出自己的解释；等等。这些意义理解是意识活动的重要部分。对物理刺激相关意义的理解是认知内容的一部分，它们在认知过程中是必不可少的。

在认知过程中存在评估与抉择。脑内信息加工包括对信息的评估，并且在评估的基础上进行抉择。评估和抉择是意识活动的一部分，在认知过程中，个体通过对信息意义的理解和对相关事件的评估，会产生主观意向，这些主观意向使个体进一步选择性地获取新的信息，从而影响认知过程的进展。

个体经过评估和抉择作出的决定，通过脑内调节控制的功能系统，对机体状态进行调控，并对外界环境作出合适的反应，产生行动作用于外界客观事物。个体对认知过程的主动调控是意识活动的另一重要部分，它们在认知过程中也是必不可少的。

总之，在认知过程中脑内不但有信息加工，而且有包括感受、理解、评估、抉择和调控等意识活动，有信息加工和意识活动的集成。信号变换、信息加工、主观感受、意义理解、事件评估、形成决策、主动调控和输出动作，在认知过程中都是必不可少的。简单的认知信息加工观点只注意脑内的信息加工而忽略主观感受、意义理解、事件评估、形成决策、主动调控等意识活动，就不能全面地了解认知。

《统一框架下的心理学与认知理论》（唐孝威2007）一书举出听人说话和视觉图像辨认两种简单的认知事件的例子，来说明认知过程中信息加工和意识活动的集成。在听人说话时，脑内对听到的话语信息进行复杂的信息加工，听话人还对说话者的声音、形象及环境等有主观感受，并且提取脑内原来储存的语义知识，从而对听到的话语的意义有所理解，然后作出判断和反应。如果只讨论认知过程的信息加工而不讨论认知过程中的意识活动，就不能全面地描述听人说话这种简单的认知过程。

在进行视觉图像辨认时，脑内除有视觉信息的加工外，还存在大量的意识活动。单纯地提取图像的特征信息，并不能深刻了解图像的内容，还需要有对信息的意义的理解，以及从记忆中提取已储存的知识进行分析和推测，这些"自上而下"的加工都是意识活动。用简单的信息加工模型说明视觉图像辨认有一定的效果，但是有局限性。如果只讨论认知过程的信息加工而不讨论认知过程中的意识活动，就不能全面地描述视觉图像辨认这种简单的认知过程。

总之，脑内信息加工是认知的一个方面，脑内意识活动也是认知的重要方面。在认知过程中，信息加工和意识活动有紧密的耦联，它们集成在一起，而不是独立无关的。我们对传统的认知信息加工模型进行扩展，提出认知的信息加工与意识活动耦联模型，它是对认知的信息加工观点和认知的意识活动观点进行集成的结果。这个模型在传统的信息加工模型的基础上，强调认知过程中意识活动的作用，全面地讨论认知过程中的信息加工与意识活动，以及它们之间的相互作用和耦联（唐孝威2007）。

认知的信息加工与意识活动耦联模型和传统的认知信息加工模型的区别是：传统的认知信息加工模型不讨论主观的意识活动，在这些认知模型中只有信息和信息加工的概念，而不提意识和意识活动的概念；

认知的信息加工与意识活动耦联模型则强调认知过程中意识活动的重要性，以及意识活动和信息加工之间的相互作用，在这个模型中既有信息和信息加工的概念，又有意识和意识活动的概念，还有信息加工与意识活动相互作用与耦联的概念（唐孝威 2007）。

8.4　心智的集成

上面两节讨论了意识的集成和认知的集成，意识和认知都是心智现象。心理活动包括心智和行为，这一节先讨论心智的集成，下一节再讨论心智和行为的集成。

心智是脑的功能，具有复杂的结构，包括觉醒、认知、情感、意志等心智成分。心智的觉醒成分和意识密切相关。认知是心智的重要成分之一，认知成分又包括许多不同过程。心智是各种心智成分通过它们之间的相互作用而集成的结果。

心智的集成具有非常广泛的内容。意识的集成和认知的集成是心智集成中的部分内容，心智能力的集成也是心智集成的一部分。心智能力是心理学的重要问题，这一节着重介绍两种智力模型：PASS 智力模型和 AMPLE 智力模型，并从心智能力集成的角度来说明心智的集成。

Naglieri 和 Das（1990）以及 Das、Naglieri 和 Kirby（1994）从认知的三个不同层次阐述智力的特征，提出由计划（planning）、注意（attention）、同时性加工（simultaneous）、继时性加工（successive）四个过程组成的智力模型，简称 PASS 智力模型。这个模型是智力的认知模型，在《认知过程的评估 —— 智力的 PASS 理论》（Das，Naglieri，Kirby 1994）一书中对这个模型有详细的讨论。

脑科学的发展对智力研究有很大的影响。PASS 智力模型是基于脑科学研究成果的一种智力模型。这个模型的基础是 Luria（1966，1973）

的脑的三个功能系统学说。第一章已经介绍过 Luria 阐述的脑的三个功能系统，即保证、调节紧张度和觉醒状态的功能系统，接受、加工和储存信息的功能系统，以及制定程序、调节和控制心理和行为的功能系统。

在 PASS 智力模型中，智力的四个过程是基于三个层次的认知系统，即注意－唤醒系统、信息加工系统和计划系统。注意－唤醒系统是这个模型中整个认知系统的基础，信息加工系统处于整个认知系统的中间层次，同时性加工和继时性加工是信息加工系统的功能，计划系统处于整个认知系统的最高层次。三个功能系统动态联系，协调合作，保证了智力活动的进行。

Das 根据 PASS 智力模型设计过相应的智力测验量表，它由四个分量表组成，其中包括计划的测量、注意的测量、同时性加工的测量与继时性加工的测量等四种认知过程的测量，称为 Das-Naglieri 认知评估系统 (Das, Naglieri, Kirby 1994)。

我们认为，心智能力是觉醒、认知、情感、意志等能力集成的结果，PASS 智力模型中讨论的能力只是心智能力的一部分，因此根据新的实验事实和对脑功能系统的认识，对 PASS 智力模型进行扩展，把局限于描述注意－唤醒过程及认知过程的 PASS 智力模型扩展为全面描述觉、知、情、意各种心智成分的 AMPLE 智力模型，其中 AMPLE 是注意 (attention)、操纵 (manipulation)、计划 (planning)、学习 (learning)和评估 (evaluation) 等过程的简称 (唐孝威 2008b)。

脑的四个功能系统学说 (唐孝威，黄秉宪 2003) 是脑的三个功能系统学说 (Luria 1973) 的扩展。按照这个学说，人的行为和心理活动是通过脑的四个功能系统相互作用和协调活动而实现的。在智力研究中，用脑的四个功能系统的观点来考察智力，自然会基于脑的四个功能系统学说，对基于脑的三个功能系统学说的 PASS 智力模型进行相应的扩展。我们基于脑的四个功能系统学说，对 PASS 智力模型进行以下几方面的扩展 (唐孝威 2008b)：

第一，把评估－情绪过程列为智力的基本过程之一。在 PASS 智力模型中也提到过评估，但并没有把评估－情绪功能作为脑的重要功能之一来讨论，也没有把评估－情绪过程列为智力的基本过程之一。脑的四个功能系统学说在 Luria 三个功能系统的基础上，增加了脑的第四个功能系统，即评估－情绪系统。在扩展 PASS 智力模型时，强调了智力活动中评估－情绪过程的重要性。在个体脑内存在着先天遗传的评估－情绪结构。脑内对信息进行评估的结果，会引起情绪体验。评估抉择过程是智力的重要组成部分，情绪也对智力有重要作用。

第二，把学习和记忆过程过程列为智力的重要过程。PASS 智力模型在讨论信息编码时也提到短时记忆和长时记忆，但是并没有把学习和记忆列为智力的基本过程。因为学习和记忆对认知有重要作用，所以在扩展模型中强调了认知加工活动中的学习和记忆过程。

第三，对原来 PASS 智力模型中的信息编码和加工的内容进行修改，用操纵表征的过程作为主要过程，来代替原来 PASS 智力模型中的同时性加工和继时性加工过程。实际上，操纵表征的过程包含信息的同时性加工和继时性加工的功能。

第四，强调心智是觉醒、认知、情感、意志等各种成分的集成，心智能力是觉醒－注意能力、认知能力、情感能力和意志能力集成的结果。在扩展模型中，注意、操纵、计划、学习、评估等过程集成为总的智力的内容。

对 PASS 智力模型进行扩展，并没有否定原来的 PASS 智力模型，而是在保留原来模型的特色的基础上增加新的内容，即保留原来模型中的计划过程和注意过程等内容，增加了评估－情绪过程以及学习－记忆过程等内容。原来的 PASS 智力模型主要讨论心智活动中的认知过程，它是智力的认知模型；而扩展后的智力模型则不但包括认知，而且包括情感和意志在内，它是一个囊括觉、知、情、意诸成分在内的集成的智力模型。

AMPLE 智力模型基于脑的四个功能系统学说，认为智力活动是以下五种过程，即注意过程、操纵过程、计划过程、学习－记忆过程和评估－情绪过程的集成。

第一种过程：注意过程。原来的 PASS 智力模型已经指出，注意－唤醒是智力的重要过程。智力活动需要个体的唤醒状态，并且需要可控制的注意，来使脑进行有效的工作。注意－唤醒主要是脑的第一功能系统的功能，其相关脑区是脑干网状结构和边缘系统等。对智力活动来说，注意－唤醒系统是智力各种过程的基础，注意－唤醒过程和智力的其他过程之间的相互作用是通过脑的第一功能系统和其他几个功能系统之间的相互作用来实现的。

第二种过程：操纵过程。脑内有信息的心理表征和对心理表征进行的心理操纵。脑内信息加工不但有信息的编码，而且有信息的处理和对信息意义的理解，这些过程都是智力活动的重要内容。对心理表征的操纵，包含信息的同时性加工过程和继时性加工过程。操纵心理表征的过程是脑的第二功能系统的功能之一，其相关脑区是大脑皮层的枕叶、颞叶、顶叶等。

第三种过程：计划过程。原来的 PASS 智力模型已经强调，计划是重要的智力过程。在智力活动中，需要个体不断进行预测和计划。计划过程是脑的第三功能系统的功能之一，其相关脑区是大脑皮层的额叶等。计划系统和其他系统集成，而使智力活动协调进行：计划系统对注意系统起促进或抑制作用，对操纵心理表征的系统进行监控和调节，并且对行为作规划和调整。

第四种过程：学习－记忆过程。学习和记忆是重要的智力过程。学习是个体的认知结构在与环境相互作用中不断建构的过程，智力包括个体在环境中学习的能力。记忆过程是对信息编码、转换、存储和提取的过程。记忆有长时记忆和短时记忆。学习和记忆过程是脑的第二功能系统和第三功能系统的联合功能。学习和记忆过程和其他过程集成而形成完整的智力，如果没有学习和记忆，就无所谓智力。

第五种过程：评估－情绪过程。评估和情绪也是重要的智力过程。

智力活动需要个体不断对各种信息进行评估和选择。评估的结果导致情绪体验。评估－情绪过程是脑的第四功能系统的功能，其相关脑区是杏仁核、边缘系统和前额叶的一部分。评估－情绪过程和其他过程集成起来，评估过程和情绪过程不但对计划系统和学习－记忆系统有影响，而且对注意－唤醒系统和心理表征的操纵系统有影响。

由以上五种过程集成的智力模型就是包括注意、操纵、计划、学习、评估等过程的 AMPLE 智力模型。这个智力模型认为，人的智力是多元的，上述多种心理过程以及它们之间的相互作用集成为整体的智力。这些心理过程是以脑的四个功能系统为基础而在智力活动中集成起来，并且通过脑的四个功能系统之间的相互作用而协调地活动。这个智力模型是基于脑的四个功能系统的模型，脑的这四个功能系统有神经解剖学和神经生理学的基础，因而它是有实证基础的模型而不是思辨的模型。

PASS 智力模型在智力测验方面提出过一系列测量，AMPLE 智力模型是 PASS 智力模型的扩展，因此除保留 PASS 智力模型原有的测量外，还要增加一系列新的测量内容，包括学习的测量、记忆的测量、评估的测量、情绪的测量等。这些测量和 Das-Naglieri 认知评估系统的测量联合起来，可以构成更加全面的智力测验。

在智力研究领域中，许多学者曾经先后提出过各种智力理论。从 20 世纪 80 年代中期以来，有代表性的智力理论除 PASS 智力模型之外，还有 Gardner 的多元智力理论，Sternberg 的智力三元理论，Salovey、Mayer 和 Goleman 的情绪智力理论以及 Hawkins、Blakeslee 的智力理论等。AMPLE 智力模型和这几种智力理论有一些共同点，也有许多不同点。

Gardner（1993）的多元智力理论认为智力是多元的，如言语智力、逻辑－数学智力、空间智力、音乐智力、身体运动智力、社交智力、自知智力等。这个理论没有讨论多元智力之间的关联。AMPLE 智力模型是基于脑的四个功能系统学说的多元的智力模型，它考察的多元智力的内容和 Gardner 理论的内容有所不同，而且它还强调多种智力过程之间的集成以及它们的脑机制。

Sternberg（1985）的智力三元理论包括智力成分亚理论、智力情境亚理论和智力经验亚理论，其中智力成分亚理论认为智力有三种成分，即元成分、操作成分和知识获得成分。它是智力的认知模型，它没有讨论情绪等因素，也没有着重考察智力的脑机制。AMPLE 智力模型基于脑的四个功能系统学说，它除讨论脑的第二功能系统的认知功能之外，还强调脑的第一功能系统的觉醒功能、脑的第三功能系统的意向功能以及脑的第四功能系统的评估 – 情绪功能。因此 AMPLE 智力模型是强调多种智力集成的一个觉、知、情、意诸成分兼备的智力模型。

Salovey、Mayer（1990）和 Goleman（1995）的情绪智力理论专门讨论情绪智力，即与理解、控制和利用情绪相关的智力，但是没有考察认知过程、意向过程等其他心理过程，因而它不是全面的智力理论。而 AMPLE 智力模型既强调注意、操纵、计划、学习、记忆、评估等过程，又包括情绪因素。

Hawkins、Blakeslee（2004）提出的智力模型强调，智力的要素是记忆与预测。AMPLE 智力模型讨论的智力活动包括了记忆过程和预测与计划等过程，认为它们是智力活动的重要过程，但是指出它们只是智力的部分内容。因为除记忆与预测外，注意、操纵、计划、学习、评估等过程都是智力过程，所有这些过程集成起来，才构成完整的智力。

8.5　心智与行为的集成

心理活动包括心智和行为。心智是脑的功能，是主观的心理活动；行为是人的反应、动作等过程，是人外部的表现。心智和行为两者有密切的联系，心智和行为关系的一个例子是人的决策和行动：决策是内部的心智活动，行动是外显的行为活动；行动受决策的支配，有了正确的决策，才有正确的行动，而行动的结果又会影响决策。

从一般集成论的观点看来，人的心理是心智与行为的集成。在心智与行为集成的统一体中，并不是两者简单的总和。心智活动和行为活动不断相互作用，并且交织在一起。《智能论——心智能力和行为能力的集成》（唐孝威 2010）一书在讨论智能的本质时指出，智能有内部的心智能力和外部的行为能力，行为能力和心智能力不同，但它们之间密切相关。心智能力是心智活动的特性，它们是心智活动能做哪些事情以及顺利做这些事情的本领；行为能力是行为活动的特性，它们是行为活动能完成哪些任务以及顺利完成这些任务的本领。

《人类的智能》（潘菽等 1985）一书认为，智能包括"智"和"能"两种成分，"智"是人对事物的认识能力，"能"是人的行动能力，其中包括技能和习惯等；"智"和"能"结合在一起，不可分离；这种能力可以以主观的形式存在于脑内，就是"智"，也可以通过人的行动见效于客观，就是"能"。

我们提出广义的智能定义，认为智能是心智能力和行为能力的集成（唐孝威 2010）。心智能力相当于"以主观的形式存在于脑内"的能力，包括觉醒-注意能力、认知能力、情感能力、意志能力等，但并不局限于"对事物的认知能力"；行为能力相当于"通过人的行动见效于客观"的能力，包括操作能力、表达能力、管理能力、社会能力等；心智能力和行为能力集成为整体的智能。

在智力模型方面，上一节介绍了 PASS 智力模型和 AMPLE 智力模型，其中 AMPLE 智力模型提出，智能活动是心智各种能力的集成，因而它是一个囊括了觉、知、情、意等成分的智力模型。虽然 AMPLE 智力模型已经由智力的认知模型扩展为智力的心智模型，但是它只讨论了智能活动中的心智能力，而没有讨论智能活动中的行为能力，所以它还不是全面的智力模型。实际上在智能过程中，心智活动和行为活动是紧密联系、集成在一起的。后面第十一章将讨论智能集成论，强调智能是心智能力与行为能力的集成，就进一步把智力的心智模型扩展为智力的心智与行为模型，形成了全面的、集成的智力模型。

　　这一章讨论了心智活动中集成现象的若干方面，如心理相互作用、意识、认知、心智、心智与行为等方面的集成。从这些讨论可以看到，心理世界的集成现象有许多不同于物理世界中的集成现象和生物世界中的集成现象的特点。

第九章　知识集成论

人类在长期的实践和研究中不断获得关于自然界、工程技术和人类社会等各方面的知识。通过生产实践、工程实践和社会实践，特别是通过近代科学对自然现象的实验研究和理论研究，得到了大量的新知识，使人类知识在广度上和深度上有了前所未有的飞速发展（Wilson 1998）。

现今人类的知识宝库是人类历史长河中所有知识的集成。数千年来，勤劳智慧的中华民族对人类文明作出过许多贡献，中华文化是人类知识宝库的一部分。

在知识发展中存在知识集成现象，需要应用一般集成论的观点，对知识集成的特点进行专门的研究，总结知识集成的经验和规律。因此我们提出建立知识集成论的学科，这是一门研究知识发展中各种集成现象和规律及其应用的学科，其英文名称是 knowledge integratics。

这一章先讨论知识集成与学科交叉，然后用几个具体例子说明几种不同形式的知识集成现象，它们是：选择性注意的集成模型、心理学学科体系的集成和认知科学理论的集成。

9.1　知识集成与学科交叉

知识的结构具有复杂的层次性结构，在各个层次上，存在着多种类型的知识集成现象。下面举出知识集成的若干方面，如知识资源的集成、理论模型的集成、学科体系的集成、研究取向的集成、不同学科的集成，等等。

知识资源的集成是一种知识集成。关于知识资源的集成，大家熟悉的是图书馆和资料室，包括近年来发展的数字图书馆和电子资料室。这里不对它们展开讨论，只着重谈谈基于互联网的科学数据库与科学数据共享。在现代科学技术的一些领域中，总是有许多单位在同一个领域中进行工作，最常见的是临床医学的诊断和治疗。人们在长期实践中积累了大量的科学资料，在各自工作的情况下，这些资料大多是分散的，有些是重复的，但许多是可以互相补充的。需要把这些资料集中起来保存，并加以分类管理。

目前在许多科学技术领域中都开展知识资源集成方面的工作，收集大量与本领域相关的科学资料，建立科学数据库，提供各方面的研究工作者共同使用。通过科学数据库可以获得不同单位的资料，进行科学研究或实际应用，这称为科学数据共享。科学数据库除包括各种详细的科学数据外，还收集专家知识，如专家的经验和成果，以及科学工具，如实用的分析软件和图表等资料。

这里提到的科学数据集成、研究成果集成、专家知识集成、科学工具集成等都是知识资源的集成。如何对有用的科学数据、研究成果、专家知识、科学工具等知识资源进行集成，如何面对用户需求，建立智能型的科学数据库，为社会提供有效的科学数据共享，都是知识集成论需要研究的问题。

科学理论的集成是一种知识集成。模型是对事物的近似描述。在研究一种事物时，人们为了说明这种事物的特性，常提出一些理论模型来对它进行近似的描述。

至于比较复杂的事物，它们具有许多不同的方面。在认识复杂事物的过程中，要从不同的角度观察复杂事物的不同方面，提出各种不同的模型，分别从事物的不同方面说明它们在不同条件下的不同特性。

因此，在研究的开始阶段，对一些比较复杂的事物可能存在许多不同的理论模型，对它们的不同方面进行近似的描述。然后由于认识的发展，逐步把各种不同的理论模型的长处集成起来，可能建立统一的理论模型，这就是理论模型的集成。例如在原子核理论研究中，早期曾提出过原子核的液滴模型和原子核的壳层模型等，后来发展为原子核的统一模型。

后面9.2节将谈到对人的选择性注意现象的研究，以及选择性注意的理论模型的集成。

学科体系的集成是一种知识集成。一个大的学科往往包括许多较小的子学科。在学科开始发展的阶段，还没有统一的学科体系。这时分散的子学科呈各自独立的状态，但实际上它们之间存在着联系。在学科发展过程中逐步认识到各种子学科的联系，到条件成熟时，就可能在多种子学科的基础上，用统一的框架建立有系统的、大的学科体系，并且可以进一步开拓新的研究领域，这就是学科体系的集成。后面9.3节中将讨论心理学学科的结构，以及心理学学科体系的集成。

同一个研究领域中各种科学研究取向的集成是另一种知识集成。在一个研究领域的发展过程中，人们会持不同的观点进行研究，因而出现不同的学术思想和研究思潮，那些影响研究领域发展的研究思潮称为这个领域的研究取向。在一个不成熟的研究领域中常存在着许多不同的研究取向。当这个研究领域发展到一定阶段，相关知识积累达到很丰富的程度，就有条件把各种不同的研究取向的有关内容集成起来，形成统一的研究取向。这是集成各种不同研究取向之大成的研究取向。后面9.4节中将谈到认知科学领域中的各种研究取向，以及认知科学研究取向的集成。

下面着重讨论一种重要的知识集成，即学科交叉。前面第四章已经提到过学科交叉的集成现象。在当代自然科学和工程技术领域中，许多科学技术问题往往涉及多种学科，许多新兴的学科更涉及许多不同学科，如纳米科学技术、生物科学技术、信息科学技术、认知科学技术等。在许多情况下，单独靠一种学科不能解决问题，需要把几种不同学科的知识和技术集成起来共同研究，才能解决问题。这就提出学科交叉的问题，学科交叉就是不同学科的集成。

以现代天文学为例，它是在学科交叉中发展的。传统天文学着重用光学方法，如光学成像方法及光谱分析方法，观测天体和天文现象。特别是在宇观尺度研究天体形貌、空间分布、天体运动和天体相互作用等，取得了丰富的成果。现代天文学除进行光学观测外，还测量空间的原子核和粒子。在理论方面，不但从宇观方面研究天文现象，还从微观方面研究天文现象以及天体内部的过程和天体的演化等。原子核物理学、粒子物理学和传统天文学相结合，产生了原子核天体物理学、粒子天体物理学等交叉学科。

再以神经科学和其他学科的交叉为例。许多学科的科学问题涉及人的脑和心智的活动以及人和环境之间的相互作用，它们和神经科学有密切的联系。现代神经科学的发展使这些学科增加了许多新的研究内容，研究工作出现了新的局面。神经科学和这些学科相结合，产生了大量的交叉学科。

大家熟知的有神经化学、神经－内分泌－免疫学、神经心理学、认知神经科学等。神经化学是神经科学和化学相结合的交叉学科，神经－内分泌－免疫学是神经科学和内分泌学、免疫学相结合的交叉学科，神经心理学是神经科学和心理学相结合的交叉学科，认知神经科学是神经科学和认知科学相结合的交叉学科。

近年来，又不断出现许多新的交叉学科，如神经信息学、神经语言学、神经经济学、神经管理学、教育神经科学等。

以神经信息学为例，这是神经科学和信息科学相结合的交叉学科。神经科学的成果启发和促进信息科学的发展，信息科学的成果为神经科学的研究提供新概念和新的研究工具。神经信息学用信息和信息处理的观点研究神经系统的信息问题，如神经信息的载体形式以及神经信息的产生、编码、存储、提取、传输、加工等特性，这些研究又为机器智能提供启发。这门学科还利用现代信息工具和技术，建立不同层次的神经科学数据库，为神经科学研究工作提供数据共享的平台，以便对大量的神经科学数据进行分析、建模和理论研究。

在神经科学和信息科学的交叉研究中，除这两门学科本身外，还有生物学、医学、数学、物理学、化学、计算机科学和其他工程技术科学等多种学科的参与，其中包括各门学科之间大量的知识集成和技术集成。

又如神经语言学，它是神经科学与语言学相结合的交叉学科：神经科学研究语言现象的神经基础，推动语言学的发展；语言现象为神经科学提供启发以及新的课题。

文理交融是文理相关知识的集成。现代社会发展提出了大量的复杂的科学技术问题，诸如环境、能源、气候、人口与健康、矿藏开发、安全生产、生物多样性保护、经济的可持续发展等，它们既是自然科学和工程技术问题，又关系到各种社会因素，并且产生广泛的社会影响。需要自然科学、工程技术和人文社会科学共同对它们进行研究，这就提出了自然科学、工程技术和人文社会科学交叉的问题。

以现代经济学为例，它是在学科交叉中发展的。过去经济学对经济现象较多进行定性的或半定量的分析和研究。在数理科学提供越来越多的研究工具的基础上，经济学与数理科学相结合，对经济现象的定量研究与定性研究结合起来，产生了数理经济学等交叉学科。

再以神经经济学和神经管理学为例。神经经济学是神经科学与经济学相结合的交叉学科：神经科学研究经济活动中认知过程的神经基础，扩大了对社会认知机制的理解；面向经济活动的神经科学研究成果又推动了经济学的发展。神经管理学是神经科学与管理科学相结合的交叉学科：神经科学有关管理工作脑机制的研究丰富了神经科学的知识，也使管理科学得到新的科学基础。

复杂的科学技术问题需要不同种类和学科共同进行研究，从不同的角度，根据不同的经验，采用不同的方法来研究同一个问题。不同学科的知识和技术是可以互相补充的，通过学科交叉把这些知识和技术集成起来，解决共同的问题。

　　学科交叉应当是实质性的交叉，而不是形式上的交叉，不是把几种学科简单地合并在一起。为了解决共同的科学问题，这里需要概念和方法的融合。除了知识和技术的集成之外，还要组织不同学科的人力和资源，打成一片，协调地工作。如果把几种学科放在一起，把一个课题分成关联不多的几个部分，各个学科的人员仍各做各的工作，然后把结果汇总一下，是不能解决问题的，这种做法不是真正的学科交叉。需要总结学科交叉的经验，以便更有效地进行多学科的知识集成。

　　学科交叉是长时间的知识集成过程。知识需要不断积累，而不是一朝一夕完成的。因此一个复杂的科学问题的交叉研究，常分成若干阶段，循序渐进。知识集成也是一个探索过程，在长期的实践中不断增加知识、总结经验、修正错误，才能得到新的成果。知识集成过程不但把现有的各方面知识组织起来，而且通过集成，产生新的概念和问题，提出新的假设和计划，再经过新的实验检验，发展原有的认识。这就是知识创新。

9.2　选择性注意的集成模型

　　这一节介绍选择性注意的集成模型，作为理论模型集成的一个例子。选择性注意是脑的重要功能之一。在有意识的心智活动中，选择性注意起重要的作用，所有各种有意识活动都需要选择性注意参与。

　　Corbetta 等（1991）曾用正电子发射断层扫描脑成像技术进行选择性注意的实验。实验中给被试者呈现视觉图像，要求被试者看图像并报告图像的形状、颜色和运动速度变化。当被试者被动知觉刺激时，有一些专一性的脑区激活，而当被试者注意刺激时，相同脑区的激活增强；在注意时还有基底神经节和前扣带回脑区的激活。Hillyard 和 Picton（1987）曾用事件相关电位技术进行选择性注意的实验，表明被试者在注意时事件相关电位信号明显增强。Duncan、Ward 和 Shapiro（1994）在实验中观测到，被试者在注意一个项目后数百毫秒内，很难对继续呈现的另一个项目作出反应。选择性注意的一个特点是，在同一时刻只有一个项目能被注意。

为了解释选择性注意的实验事实，我们提出选择性注意的集成模型，即选择性注意的甄别和符合模型，认为选择性注意的机制像是具有甄别和符合功能的电子线路（唐孝威，郭爱克 2000）。甄别电路和符合电路是核电子学中常用的标准的电路，它们常被制成模块，由大量模块构成复杂的电子学系统。

第四章介绍过甄别电路，它们的作用是选择记录输入信号的幅度在一定水平以上的事件，甄别电路对输入信号幅度的限制水平称为甄别水平。第五章介绍过符合线路，它们的作用是选择记录同时输入信号的事件。符合电路可以是二路输入信号符合的电路，称为二重符合电路，也可以是多路输入信号符合的电路，称为多重符合电路。在符合电路同时输入的信号中，一路输入信号可以是设置的控制信号，称为门控信号。

在我们的模型中，不同项目的信号是电子线路的输入信号，它们分别输入到各个甄别电路，其输出再送到符合电路；注意控制信号是符合电路的一路输入，起门控信号的作用；由甄别电路和符合电路组成的联合电路的作用，是选取输入信号中幅度在一定水平以上且与注意控制信号同时发生的事件。

按照这个模型，许多输入信号在电子线路的许多平行的输入通道中加工。在每一个通道中都有一个甄别电路，如果加工信号的幅度超过了甄别水平时，那个通道就有输出信号。要求许多平行的甄别电路的甄别水平会自动调整，使得输入到许多个甄别电路的信号中只有一个通道的信号能够超过甄别水平。这样，那个通道的甄别电路就有输出信号，而在其他通道中加工的信号因为幅度低于统一的甄别水平，所以没有输出。

然后，那个有信号输出的通道，其输出信号送到二重符合电路，它是符合电路的一路输入，而二重符合电路的另一路输入信号是注意控制信号。在二重符合电路中，只有当两个信号在符合电路分辨时间之内输入时，才会有符合输出；如果两个信号在符合电路分辨时间之外输入，

119

就没有符合输出。所以在符合电路分辨时间之内与注意控制信号同时输入的那个甄别电路的输出信号，会在符合电路中被增强而且记录下来（唐孝威，郭爱克 2000）。

前人曾经提出过许多关于选择性注意机制的模型，例如 Haberlandt（1997）的选择性注意的过滤器模型、Crick（1984）的选择性注意的探照灯模型、Desimone 和 Duncan（1995）的选择性注意的偏置竞争模型等。按照选择性注意的过滤器模型，选择性注意的机制像是过滤器。按照选择性注意的探照灯模型，选择性注意的机制像是一个心智的探照灯，使被照亮的项目的加工过程得到增强。按照选择性注意的偏置竞争模型，选择性注意的机制像是各个被加工项目之间的竞争，例如在视觉注意时，视野中的物体在表征、分析或控制方面进行竞争。这些模型能描述选择性注意的不同方面，也各有不足之处。

选择性注意的甄别和符合模型实际上是选择性注意的集成模型，它把选择性注意的各种特点集成起来，同时又把以上几种模型，特别是探照灯模型和偏置竞争模型集成起来，形成选择性注意的集成模型。

按照选择性注意的集成模型，因为不同项目的输入具有不同强度以及自上而下影响的不同，它们之间会发生竞争，其中有一个项目在竞争中取得优势，原因是它的强度在不同项目中是最大的，因而引起脑区的激活水平最高。注意的作用是使被注意的项目增强，它并不对每个项目逐个进行扫描，而仅仅使在竞争中占优势的那一个项目得到增强，同时使不受注意的其他项目受到抑制。

选择性注意的集成模型和现有的其他模型的区别是：在探照灯模型中被注意的项目是被动地增强的，但是在选择性注意的集成模型中各个输入项目间主动竞争，只有在竞争中具有最大强度而占优势的一个项目得到增强，而其他项目则被抑制；偏置竞争模型指出了项目之间存在竞争，但是没有强调注意增强作用的重要性，然而按照选择性注意的集成模型，对于选择性注意来说，竞争和增强都是重要的（唐孝威，郭爱克2000）。

9.3　心理学学科体系的集成

心理学发展到今天，呈现出十分繁荣的局面。在心理学发展过程中，除对心理学自身的各个领域进行深入的研究外，心理学还和许多其他学科交叉研究，产生大量的交叉学科。

目前心理学有很多分支学科，下面列举其中一部分例子：认知心理学、思维心理学、情绪心理学、神经心理学、生理心理学、生物心理学、健康心理学、医学心理学、临床心理学、进化心理学、发展心理学、教育心理学、学校心理学、体育心理学、人格心理学、心理物理学、工程心理学、环境心理学、社会心理学、工业及组织心理学、职业心理学、管理心理学、广告心理学、司法心理学、军事心理学，等等。

有些科学家讨论过心理学的范式问题。按照 Kuhn（1970）的说法，一门具体学科的科学范式是关于这门学科内容的、全世界几乎公认的世界观，即观察世界的一种方式；科学范式是一门学科的观念框架，它和这门学科的理论和方法，以及普遍接受的一系列科研规则结合在一起。Hilgard（1987）认为，因为心理学中至今没有一个理论和方法占优势，所以当前的心理学还处于"前范式"的阶段。

面对心理学中各种分支学科林立的局面，心理学需要有一个统一的学科体系。Staats（1999）、Sternberg 和 Grigorenko（2001）、Denmark 和 Krauss（2005）、Sternberg（2005）等曾先后提出对心理学统一理论的期望。一个统一的学科体系将有利于心理学的进一步发展。

在《统一框架下的心理学与认知理论》（唐孝威2007）一书中，我们以心理相互作用的大统一理论为基础，构建大统一心理学的理论框架，大统一心理学理论也是心理学学科体系的集成理论。从心理相互作用的观点看来，目前心理学中的不同分支学科领域，实际上是研究不同的心理相互作用。以生理心理学和心理生理学两种学科为例，它们都研究心脑相互作用和心身相互作用。生理心理学着重研究脑的生理活动和身体其他生理活动对心理过程的影响，而心理生理学则着重研究心理过程对脑的生理功能和身体其他生理功能的影响。

因为各种不同的心理相互作用具有统一性，所以心理学的各个研究领域有统一性。大统一心理学面对心理现象的全局，可以涵盖心理学的所有研究领域。以心理相互作用的大统一理论为基础的大统一心理学理论，按照各种心理相互作用统一性的原理，考察心理学各个研究领域之间的联系，对它们进行集成的研究，同时发展心理学各个领域间的交叉研究，以及多方面的实际应用。

大统一心理学理论的主要内容包括：心理现象中心理相互作用和各种心理相互作用大统一的观点、心理学具有统一性的观点，以及心理学学科体系集成的观点。这个理论之所以称为大统一心理学理论，是因为它是在心理相互作用大统一理论的基础上建构的。其中"大统一"是指各种不同种类的心理相互作用的大统一；另一个意思是，在这个理论指导下，把心理学各个研究领域和分支学科集成起来，形成心理学的一个大统一的学科体系。

《统一框架下的心理学与认知理论》（唐孝威 2007）一书讨论了对当代心理学各种分支学科的集成，从概念和方法上把当代心理学的各种分支学科集成为大统一的学科体系。在当代心理学的许多分支学科中，有的分支学科侧重研究心理活动的基础原理，有的分支学科是在心理学和其他一些学科的交叉研究中发展起来的，它们涉及心理学和其他学科共同关心的问题，还有的分支学科根据实际的需要，侧重研究心理学在各种有关领域中的实际应用。

各种心理相互作用的统一性，使得当代心理学中内容千差万别的各种分支学科之间有内在的联系，因而大统一心理学的学科体系能够把这些不同的分支学科集成起来。下面根据心理活动各种成分之间的相互作用、心脑相互作用、心身相互作用、心物相互作用和心理－社会相互作用等不同种类的心理相互作用，对心理学的各种分支学科进行讨论和分类。这些分支学科可以按它们涉及的心理相互作用而分为下面四类：

心理学分支学科的第一类是与基本的心理特征和心理过程有关的分支学科，这些分支学科研究的问题所涉及的心理相互作用，主要是心理活动各种成分之间的相互作用和心脑相互作用。这一类分支学科有：神经心理学、认知心理学、思维心理学、情绪心理学、人格心理学等许多基础学科。

心理学分支学科的第二类是与身体的许多方面有关的分支学科，这些分支学科研究的问题所涉及的心理相互作用，主要是心身相互作用，也涉及心脑相互作用等。这一类分支学科有：生物心理学、生理心理学、心理生理学等基础学科，以及与心身关系有关的健康心理学、医学心理学、临床心理学、康复心理学等许多应用学科。

心理学分支学科的第三类是与环境的许多方面有关的分支学科，这些分支学科研究的问题所涉及的心理相互作用，主要是心物相互作用，同时也涉及心脑相互作用和心身相互作用等。这一类分支学科有：心理物理学、进化心理学等基础学科，以及与心物关系有关的环境心理学、工程心理学等应用学科。

心理学分支学科的第四类是与社会实践有关的分支学科，这些分支学科研究的问题所涉及的心理相互作用，主要是心理－社会相互作用，同时也涉及心身相互作用和心物相互作用等。这一类分支学科有：社会心理学、发展心理学等基础学科，以及与心理－社会关系有关的教育心理学、学校心理学、工业及组织心理学、职业心理学、管理心理学、广告心理学、司法心理学、军事心理学等许多应用学科。

心理学学科体系就是由这四类学科集成的。在这个集成的学科体系中，各种分支学科按涉及的不同的心理相互作用，分别有各自的位置，又按心理相互作用的统一性而有互相间的关联，它们不是杂乱无章的，也不是独立无关的。

包含心理学学科体系在内的大统一心理学理论是基于心理学长期发展的成就并且把它们集成起来的理论，它不和现有的心理学相抵触，而是集心理学众多成就之大成。大统一心理学并不是心理学的一门新的分支学科，也不能代替心理学各个专门领域的具体研究。大统一心理学提出了心理学的一种研究取向，即心理学的统一研究取向。大统一心理学不是终结现有心理学的发展，而是通过大统一和集大成的观念，来开拓心理学进一步发展的道路，促进心理学的进一步繁荣（唐孝威2007）。

前面提到心理学的范式问题，大统一心理学理论或许可以作为建立心理学范式的候选的理论之一。大统一心理学中关于多种心理相互作用的观念和这些心理相互作用统一性的观念，以及关于心理学中不同分支学科集成为统一的学科体系的观念，可能为心理学提供一种观察心理世界和心理学学科的一种方式；它提供了一个观念框架，在这个框架中有可能把当前心理学中不同的理论和方法统一起来；它也提供了一种理论，有可能把各种分支学科集成为统一的心理学学科体系。

由于大统一心理学所研究的是所有各种心理相互作用以及它们的统一，它可以包含所有各种研究不同心理相互作用的理论和方法。这样，或许可以做到 Kuhn（1970）所要求的：不同的理论在同一个范式内存在，这些不同的理论各自解决不同的问题，而范式则提供了学科的观念框架。

9.4　认知科学理论的集成

人的认知是非常复杂的过程，认知科学是研究认知现象和规律及其应用的学科。认知科学研究是当代科学研究的前沿之一。

在认知研究中有许多不同的思潮。某一种影响认知研究的思潮，成为认知的一种研究取向。Gardner（1985）和 Haberlandt（1997）等指出，在当代认知研究中有许多不同的研究取向，如神经生物学的研究取向、信息加工的研究取向、具身认知的研究取向、情境认知的研究取向以及社会认知的研究取向等；此外，还有进化心理学的研究取向、发展心理学的研究取向、人工智能的研究取向，等等。

这许多研究取向之间有什么关系？能不能把它们集成起来？这是一个值得研究的重要问题。在认知科学的统一理论方面，Newell 在1990 年曾经进行过讨论。他认为，科学的目标是统一，心理学需要统一的理论，各种不同的认知过程也需要有统一的理论。在列举认知的各种过程，如问题解决、决策、学习、记忆、技能、知觉、动作、语言、动机、情绪以及想像、梦、白日梦等之后，他说，需要有把这些不同的认知过程统一起来的理论，即认知的统一理论，并提出作为一种认知统一理论的 SOAR 理论。此外，还有学者曾经建议过别的认知知统一理论，如 ACT-R 理论（Anderson 1983，Anderson et al 2004）。但是 Sternberg（2005）指出，由于认知的复杂性，自 Newell 的专著发表以后，至今在认知的统一理论方面还没有满意的方案。

《统一框架下的心理学与认知理论》（唐孝威 2007）一书中对当代认知科学各种不同研究取向有简短的说明。下面引用这些说明：

　　神经生物学的研究取向用神经生物学的观点研究认知过程，着重讨论认知过程的神经生物学基础。这种研究取向认为，人的认知过程和脑内神经活动有密切关系，因此需要了解各种认知过程的不同的神经相关物。这种研究取向关心的问题是：不同的认知过程分别是由哪些脑区参与的，以及认知过程中的神经活动等（Kosslyn，Koenig 1995；Gazzaniga 2000）。

　　信息加工的研究取向用脑内信息加工的观点研究认知过程。这种研究取向认为，人的认知过程是脑对环境输入的信息进行编码、存储、提取和操作的过程。这种研究取向关心的问题是认知过程中脑内信息加工的方式和机制（Newell，Simon 1972；Haberlandt 1997）。

　　具身认知的研究取向用心身关系的观点研究认知过程。具身认知的意思是：认知植根于人的身体，体现于人的身体。这种研究取向认为，认知过程是身体参与的，认知依赖于身体，和身体密切联系而不能分开，因此，认知过程是具身的认知。这种研究取向强调身体影响认知过程，关心的问题是：认知和身体的关系，以及身体因素对认知过程的影响等（Varela，Thompson，Rosch 1991）。

情境认知的研究取向用认知与情境相关的观点研究认知过程。情境认知的意思是：认知过程是人置身于实际环境时进行的，认知过程依赖于现实情境。这种研究取向强调，认知过程必须置身于现场情境，而不能把两者分开，因此，认知过程是情境的认知。这种研究取向关心的问题是认知过程和现场情境之间的关系等（Gibson 1979，Brooks 1991）。

社会认知的研究取向用社会环境作用的观点研究认知过程。社会心理学认为，人是社会的人，社会环境和人的认知过程有密切的关系，因此要研究社会环境与个体认知过程之间的相互作用，研究社会与文化对个体认知过程的影响。这种研究取向关心的问题有家庭、团体、社会对认知过程的作用，以及在社会现场情境中的认知过程等（Cacioppo et al 2002）。

进化心理学的研究取向用生物进化的观点研究认知过程。这种研究取向认为，生物学因素如遗传因素对个体的认知过程有重要的作用，强调要研究生物进化与认知过程的关系，以及遗传因素和个体认知过程的关系等。

发展心理学的研究取向用个体发展的观点研究认知过程。这种研究取向认为，在个体一生中认知能力都在变化，强调要研究个体认知的发展过程，包括儿童认知发展的过程，以及童年期认知和成年期认知的关系等。

人工智能的研究取向是用人脑与计算机对比的观点及人工智能的观点研究认知过程，强调要研究类脑的机器以及机器认知等。

由此可见，当代认知的科学研究中呈现许多不同的研究取向并存的局面。Glassman（2000）在讨论心理学的基本问题时说："心理

学的基本问题之一是如何对付存在着不同研究取向的局面。"如何
对付认知科学中存在着不同研究取向的局面，也是认知科学的基本
问题之一。面对认知科学研究取向方面众说纷纭的局面，对不同研
究取向进行集成，从而建立认知研究的统一理论体系的问题已经提
上了日程，也就是说，需要一种认知科学理论，能从观念和方法上
把这些不同的研究取向集成起来。

当代认知科学的各种不同研究取向的研究侧重点有所不同，它们都
有一定的实验依据和研究特点，同时各有其不足之处。从认知过程涉及
的各种心理相互作用来看，它们着重讨论的分别是各种不同的心理相互
作用。有些研究取向的不足之处在于，它们只分别研究某一种或某几种
心理相互作用，或者只着重于某种心理相互作用的某些方面，而不能涵
盖认知过程中所有各种心理相互作用。但是各种不同研究取向的一些概
念并不都是互相排斥的，而是可以互相补充的。各种研究取向有积极
的、有益的观点，分别适合于讨论不同的心理相互作用，因此要发挥这
些积极的、有益的观点，并且把它们在统一的研究取向中集成起来。既
然各种研究取向可以互相补充和互相融合，统一的研究取向就要集它们
的积极的、有益的观点之大成。

神经生物学的研究取向关心认知过程的神经生理学基础。神经生物
学过程是认知活动的物质基础，为了了解认知的本质，研究认知活动相
关的脑功能活动和身体的生理活动是十分重要的。从心理相互作用来
说，这种研究取向着重在神经生物学方面研究认知过程中的心脑相互作
用和心身相互作用。这种研究取向的许多工作对于了解认知过程中的心
脑相互作用和心身相互作用是有益的，其不足之处是很少讨论认知过程
中心理活动各种成分之间的相互作用，也不讨论认知过程中的心物相互
作用和心理－社会相互作用。

信息加工的研究取向考察认知过程中脑内的信息加工。在认知活动
时，脑内有信息加工和意识活动的耦联，用信息加工和意识活动的观点

研究认知过程，对于了解心理活动各种成分之间的关系和心脑关系是有益的。此外，研究物理因素对内部心理活动及其脑机制的影响也是令人感兴趣的。从心理相互作用来说，这种研究取向着重研究认知过程中心理活动各种成分之间的相互作用、心脑相互作用和心物相互作用。它的特点是涉及多种心理相互作用中内部信息加工的问题，其不足之处是很少讨论认知过程中心身相互作用，也几乎不考虑认知过程的心身相互作用中有关身体的生理过程，以及身体的生理过程对认知活动的作用。

具身认知的研究取向考察认知过程中身体的因素，情境认知的研究取向考察认知过程中环境的因素，这些对认知研究来说都是重要的。具身认知的研究取向强调研究认知与身体的关系，从心理相互作用来说，这种研究取向侧重讨论认知过程中的心身相互作用。情境认知的研究取向强调研究认知与情境的关系，从心理相互作用来说，这种研究取向侧重讨论认知过程中心理活动与环境间的相互作用。这两种研究取向的不足之处是，它们很少讨论认知过程中心理活动各种成分之间的相互作用和心脑相互作用。

社会心理学的研究取向关心个体心理和社会环境之间的关系。社会环境和文化对认知过程有很大影响，这种研究取向的观点对于了解认知与社会的关系是十分重要的。从心理相互作用来说，这种研究取向主要涉及认知过程中的心理－社会相互作用，还讨论社会环境对认知过程中心理活动各种成分之间的相互作用以及心身相互作用的影响，其不足之处是很少讨论认知过程中的心脑相互作用和心物相互作用。

认知科学的其他一些研究取向，如进化心理学的研究取向、发展心理学的研究取向和人工智能的研究取向等，也各有特点。例如进化心理学的研究取向关心生物进化对心理和行为的作用。从心理相互作用来说，这种研究取向涉及认知活动中多种心理相互作用。用这种研究取向的观点研究认知活动，对于了解进化过程对认知活动中的各种心理相互作用有哪些影响是有益的。又如发展心理学的研究取向关心人生全过程中，特别是婴幼儿、童年、青少年时期心理和行为的发展。从心理相互作用来说，这种研究取向涉及认知活动中多种心理相互作用。用这种研究取向的观点研究认知活动，对于了解认知活动各种心理相互作用发展变化的特点是有益的。

认知科学的集成理论用各种心理相互作用及其统一的观点考察当代认知科学的各种不同研究取向，并且把这些研究取向中有益的观点集成起来。这种集成的研究取向也称为认知科学的统一取向，下面说明这种研究取向关心的问题、考察的重点，以及研究的观点和方法。

认知科学的统一研究取向关心认知过程中所有各种心理相互作用以及它们的统一性。这种研究取向要求对认知过程涉及的所有各种心理相互作用进行全面的考察和研究，还指出不同的心理相互作用具有共同的基础，因而要对认知过程中所有心理相互作用进行统一的研究。这种研究取向不但分析认知过程中每种心理相互作用的特点，而且要考察这些心理相互作用变化的动态过程。

如前所述，当代认知科学的各种研究取向分别侧重于讨论认知过程中不同种类的心理相互作用，而认知科学的统一研究取向则讨论认知过程中所有各种心理相互作用以及它们之间的联系和统一。因为它的研究内容全面地包括所有各种心理相互作用，所以这种研究取向可以包容认知科学的各种不同的研究取向，把它们的积极的、有益的内容集成起来。总之，认知科学的统一研究取向和以往其他研究取向的不同之处在于，它讨论的不仅是认知过程中某几种心理相互作用，或某种心理相互作用的某些方面，而是所有各种心理相互作用，以及各种心理相互作用的所有方面；不仅是认知活动中各种心理相互作用的特性，而且是认知活动中所有各种心理相互作用的动态过程。

认知科学的统一研究取向先对当代认知科学各种研究取向进行详细的分析，分别研究它们的特点，提取它们的有益内容和方法，然后在取其精华的基础上，把它们在统一的理论框架中集成。因此它的研究领域包含认知科学的全部领域，比目前其他的研究取向关心的领域更加广泛。

认知科学的统一研究取向认为，当代各种认知研究取向分别讨论的问题都是认知活动的重要方面。认知过程既有神经生物学的基础，又有信息加工与意识活动的特点；认知过程既是具身的，又是情境的和社会的；认知是进化的，又是发展的。认知过程涉及所有各种心理相互作用，它们之间又有紧密的联系，在认知过程中有各种心理相互作用集成的过程。

第十章　工程集成论

　　在工程技术领域中存在各种集成现象。将一般集成论的观点应用于工程技术领域，研究这些领域中集成现象的特点，对解决工程技术中的复杂问题是有帮助的。

　　在一般集成论的应用中，我们提出建立一门研究工程领域集成现象和规律及其应用的学科，并把它命名为工程集成论，它的英文名称是 engineering integratics。又提出建立一门研究技术领域集成现象和规律及其应用的学科，并把它命名为技术集成论，它的英文名称是 technology integratics。

　　工程集成论和技术集成论的研究内容非常丰富。前面第四章提到过技术领域的集成现象。这一章举出工程集成和技术集成的几个例子进行讨论，它们是：大科学计划的集成、大型实验装置的集成和医学影像技术的集成。

10.1　大科学计划的集成

　　在现代科学技术的发展中出现了一类规模巨大的科研项目，由于这些项目要解决的科学技术问题非常庞大复杂，对这些项目需要制定长期的计划，投入大量的资金，组织许多科研单位和科研人员共同实施。相对于在一个实验室里由一个科研团队进行的规模较小的科研项目来说，它们的规模很大，因此称为大科学计划或大科学项目。大科学计划是现代科学技术研究的一种研究方式，它们具有许多不同于规模较小的科研项目的特点。

美国在科学技术方面实施过的几个计划，如曼哈顿计划、阿波罗计划和人类基因组计划等，都是大科学计划的例子。曼哈顿计划是20世纪40年代美国研制原子弹的工程，阿波罗计划是20世纪70年代美国人登月的工程，人类基因组计划是20世纪90年代对人类基因组测序的工程。目前世界各国联合进行的国际热核聚变计划也是大科学计划的例子，这个计划是研制热核聚变反应堆装置的工程。我国也成功地实施过几个大科学计划，并且正在实施几个新的大科学计划。

Lambright（2009）在《重大科学计划实施的关键：管理与协调》一书中论述了大科学计划的实施，介绍了美国几个大科学计划的案例。书中详细叙述了人类基因组计划的发展历程和项目管理的经验，还提到在这个计划实施过程中一些有趣的故事。这本书从目标、组织、支持、竞争、领导等方面介绍大科学计划的管理工作，指出管理与协调是实施大科学计划的关键。书中还考察了另外几个大规模的研究和开发计划的案例，包括气候变化计划、纳米技术计划和国际空间站计划。

从一般集成论的观点看来，在大科学计划的规划和实施过程中存在许多集成现象。大科学计划既要解决科学技术问题，又是工程项目。大科学计划中的集成问题是工程集成论研究的重要课题之一。

从大科学计划的酝酿阶段开始，到工程的规划、立项、实施直至完成，在大科学计划的每个阶段中都有许多不同形式的集成过程。Lambright提到的管理与协调，是大科学计划中集成现象的重要内容。大科学计划的组织和管理都是集成的过程，如各种科学思想和科研方案的集成、多种学科和多种技术的集成、不同科研单位和科研团队的集成，等等。在工程的集成过程中要进行大量的协调工作，使科学计划得以高效率、高质量的完成。

实际上，不仅在大科学计划的规划和实施中有许多集成过程，在所有各类科研工作中，也都有组织、管理、协调等集成过程，只是在大科学计划中集成过程具有更大的规模，有更加显著的表现，并且起更加重要的作用。在科研集成论中，需要研究这些集成过程的特点和规律，并且按照这些特点和规律来指导科学计划的实施。

10.2 大型实验装置的集成

大型实验装置的设计、建设和运行中的集成是工程集成和技术集成的一个例子。现代科学实验除在许多实验室中进行各类小型实验之外，还设立一些大的科学实验中心，其中装备许多大型实验装置，这些实验装置可以提供许多用户单位共同使用，进行多种科学实验。

大型实验装置是复杂的工程设施，它包括许多工程系统，由这些配套的工程系统集成为整体的大型实验装置；其中每个工程系统又包括许多实验设备，由这些配套的实验设备集成为功能完整的实验系统。

例如同步辐射光源实验中心的大型实验装置，有产生同步辐射光的装置和许多实验站等实验系统。产生同步辐射光的装置包括把电子加速到高能量的加速器和使高能电子稳定运转的环形装置。第五章曾经提到过同步辐射，高能电子束在环形轨道上做圆周运动时产生同步辐射光，由许多与圆周成切线的管道引出同步辐射光，分别送到许多实验站。每个实验站配置各种靶和专门的探测设备，例如用电子能谱仪测量同步辐射光打靶后反应产物的特性。

又如高能物理实验中心的大型实验装置，有各类加速器系统和各类探测器系统。其中加速器系统加速带电粒子，提供高能物理实验所需的粒子束；探测器系统有许多专用设备，测量高能物理反应产物的特性。

下面举欧洲核子研究中心的莱泼（LEP）对撞机及其实验装置作为例子，来说明这种大型实验装置的复杂性和集成性（唐孝威 1985，1993）。莱泼是大型正负电子对撞机的简称，正负电子在装置中实现对撞，对撞时正负电子的总能量达到 2 000 亿电子伏。这个能区可以产生大量的中间玻色子 Z^0 粒子和 $W^\pm$ 粒子，因此称为中间玻色子"工厂"。

这台对撞机的主体建于法国和瑞士的交界地区，主环和对撞区的几个实验大厅都建在地下，离地面最浅为 50 米，最深达 170 米。主环的周长是 27 千米。对撞机系统的主要部分有加速电子的装置、产生和加速正电子的装置以及正负电子的对撞区等。正负电子在主环中以相反的方向运动，在主环的四个对撞区实现正负电子对撞。这台对撞机于 1983 年动工，至 1989 年建成并投入运行。

围绕着四个对撞区分别安装四个大型探测器，有 OPAL 探测器、ALEPH 探测器、L3 探测器和 DELPHI 探测器，分别测量高能正负电子对撞的产物。每台探测器系统都是庞大的实验装置。以其中的 L3 探测器为例，它是一个覆盖 4π 立体角、内有大体积磁场的大型探测器。这个探测器的特点是以很高的精确度测量光子、电子和 μ 子。探测器总重量达 8 000 吨，在体积为 12 米 ×12 米 ×14 米的空间中，用常规磁铁产生强度为 0.5 特斯拉的沿束流方向的均匀磁场（Adeva et al 1990）。

从对撞区朝外看，L3 探测器由以下各层组成：（1）围绕着对撞区的是一个顶点探测器，称为时间扩展室，在它外面还有四层测量粒子水平方向坐标的正比室；（2）在顶点探测器外面是由锗酸铋晶体组成的电磁量能器，大量的条状锗酸铋晶体对准对撞区，把对撞区包围起来；电磁量能器测量能量大于 20 亿电子伏的光子、电子的能量分辨率优于 1%；根据顶点探测器和电磁量能器给出信息的组合，可以区别光子与电子；（3）外面是强子量能器，围绕着束流线的桶部强子量能器中共有 144 个量能器模块，还有端盖部强子量能器覆盖两端；它们由铀板和正比室夹层组成，用它们可以测量入射强子的能量和位置；（4）再外面是大型的 μ 子漂移室，它们测量能量为 500 亿电子伏 μ 子的动量分辨率为 2%；此外，在对撞点两侧各 2.75 米处，放置束流亮度监测器。

用 L3 探测器得到了许多令人感兴趣的物理成果，例如 Z^0 粒子和 $W^\pm$ 粒子特性的测量、中微子代数的确定、电弱相互作用参数的测定、

Z^0 粒子衰变为 b 夸克对的衰变特性测量、量子色动力学检验与强耦合常数的确定、量子电动力学检验及轻子特性测量等（L3 Collaboration 1993，唐孝威 1993）。

大型实验装置的集成问题是工程集成论的一个重要研究课题。建造大型实验装置的目的是利用这些装置进行科学实验。实验装置的效益表现在装置指标先进、运转良好、工作稳定，有效利用开机时间，取得大量的、高质量的实验成果。实验装置中各个系统和各种设备的正确而有效的集成以及协调而稳定的运行，对提高装置的整体利用率和实验成果的产出率起重要的作用。

大型实验装置从开始规划和设计到建造和运行，都要考虑优化集成。以高能物理实验中心为例，加速器系统要优化集成，其中各种实验设备和部件，如离子源、电源、磁铁、控制系统、真空系统等，不但分别都要长期稳定、可靠、有效地工作，而且相互之间要有良好的接口，各种实验设备配套齐全，协调运行。探测器系统也要优化集成，包括硬件和软件的集成。探测器系统中各种实验设备和部件，如探测装置、分析磁铁、电子学、计算机、屏蔽系统等，分别都要可靠地工作，而且相互之间要配套齐全，保证实验仪器稳定运行。

从大型实验装置的组织管理工作来说，大型实验装置工程建设的规模很大，有庞大的工程队伍和实验队伍参加。他们团结一致，协调工作，才能出色地完成任务，因此团队集成也是工程集成的重要部分。

10.3　医学影像技术的集成

医学要对人类疾病进行预防、诊断和治疗。在正确诊断疾病的基础上，才能对疾病进行有效的治疗。常规的医学诊断方法有人体各种生理样品的化验和人体各项生理指标的测量等。科学技术的发展使得医学诊断可以无创伤地"透视"人体，"观测"和"拍摄"的不仅有人体内部结构的图像，而且有人体内部功能的图像。医学影像技术已经成为现代医学诊断的重要手段。

以射线成像为例，利用射线和人体相互作用，可以探测人体内部的结构和功能。在结构成像方面，可以在体外用射线照射人体，射线对人体有穿透力，在体外测量透过的射线。射线在人体不同部位有不同的穿透，这种对比度提供人体内部结构的信息。在功能成像方面，可以将含有微量放射性的示踪剂注入人体，它们参与人体功能活动，在体外测量它们发射的、穿出人体的射线。不同种类的示踪剂在人体内部不同部位参与不同的功能活动，可以提供人体内部功能的信息。在体外测量射线时可以对人体进行逐层扫描，得到断层的图像，再由此重建为立体的图像。这些人体内部的结构图像和功能图像，为临床诊断疾病提供了直接的依据。

目前医学影像技术的种类很多。医院中常用的技术有：X射线计算机断层扫描技术（CT）、核磁共振成像技术（包括核磁共振结构成像技术MRI与功能成像技术fMRI）、正电子发射断层扫描技术（PET）、单光子发射断层扫描技术（SPECT）等（唐孝威1999，2001）。

从人体的结构成像来说，计算机断层显像技术和核磁共振成像技术可以无损伤地测量人体内部结构。前者是用X射线（或γ射线）照射人体，通过多次投影来获得人体内部结构的图像。后者是利用核磁共振原理测量人体内部质子的分布，来获取人体内部结构的图像。这些影像技术在疾病的诊断和治疗方面发挥了重要作用，但是它们给出的图像是人体的结构图像而不是功能图像。

功能成像不同于结构成像，它能显示人体内发生功能变化的区域及其时空特征。以脑功能成像为例，若要知道人脑高级功能活动在哪些脑区发生以及这些脑区的功能连接，或了解疾病状态时脑功能有什么变化，就要采用脑功能成像技术来研究。近年来在核磁共振成像技术的基础上发展起来的功能核磁共振成像技术和核磁共振波谱技术是进行功能成像的重要手段。

核磁共振脑功能成像的原理是，核磁共振信号与血流中含氧量有关，测量脑活动时脑内各处血流中含氧量的变化可反映相应脑区的神经细胞活动的变化。因为当个体执行各种认知任务时，脑局部兴奋，血流增加，但氧耗量的增加小于血流量的增加，血液中脱氧血红蛋白减少。脱氧血红蛋白是顺磁性物质，可使核磁共振成像的特征量 T_2 延长，T_2 加权像信号增强。（核磁共振成像有许多特征量，如 T_1 和 T_2 都是弛豫时间，T_1 是纵向弛豫时间，T_2 是横向弛豫时间。）这种效应被称为血氧水平依赖性效应，核磁共振脑功能成像的原理正是基于这种效应（Logothetis et al 2001）。此外，核磁共振波谱技术的原理是核磁共振信号有化学位移，通过化学位移可以测量体内有关区域中各种化合物分子的谱。

第四章中已经提到过核医学。核医学中的单光子发射断层显像技术和正电子发射断层显像技术是进行脑功能成像的重要技术。前者是把发射 γ 射线的核素标记的化合物注入人体，使它们进入脑部，在体外测量 γ 射线而获得这种标记化合物在脑内分布的断层图像。后者是把发射正电子的核素标记的化合物注入人体，使它们进入脑部，在体外测量正电子湮灭发射的 γ 射线而获得这种标记化合物在脑内分布的断层图像。通常用 ^{18}F 标记的葡萄糖获得脑内代谢的图像，可以进行脑内葡萄糖代谢功能的定量测量；或用 ^{15}O 标记的水获得脑内血流的图像，可用以进行人认知活动中脑激活区的定位。用这些技术得到脑功能的三维图像，其空间分辨率为数毫米。

正电子发射断层显像技术的特点是：三维（可增加灵敏度和统计精度）；活体（无损，自然生理状态）；动态和功能；定量；正电子核素寿命短，且为生物体组成部分；示踪剂多样性和专一性等。但用这种技术得到的脑功能图像空间分辨率较差，须与高分辨率的结构成像结合定位。利用这种技术可以检测脑功能活动的局域能量消耗的变化、神经活性物质在不同脑区分布的特点等，从而了解视觉、听觉、语言、思维等功能活动发生的脑区，也可进行精神分裂症、失语症等疾病的脑内定位。

在脑功能成像方面，除上述技术外，还有其他的成像技术，如基于脑活动时脑内组织的光学性质变化的多种光学成像技术，可以提供观察大脑皮层功能构筑的高分辨率图像。近红外光学成像技术和光学相干层析成像技术等迅速发展，成为很有前景的新的脑功能成像技术。前者是利用脑内活动对近红外光传输的影响来成像，后者是利用光学相干原理进行脑组织的层析成像。

用医学影像技术获得的图像有人体结构图像和人体各类功能图像。在脑功能图像中有静息态脑功能图像或执行不同任务时的各类脑功能图像。图像的特性包括空间分辨率和时间分辨率，影像装置要给出高分辨率的图像，还要对获得的图像进行准确的处理，以达到更好地诊断和治疗疾病的目的。

在医学影像技术的各个层次和各个方面都存在集成现象。每一种医学影像技术都是相关硬件和软件的集成。在硬件方面有射线源、探测器、电子学、计算机等多个部件的集成，要求各种部件配套，而且性能匹配。各个部件的性能都会影响图像分辨率，提高分辨率要从解决其中的瓶颈问题入手。在软件方面，图像处理时有图像分割、配准、融合等技术的集成。从医学影像装置的运行来说，有数据获取和数据处理的集成。从图像的种类来说，有结构图像、生理功能图像、与任务相关的功能图像的集成。

不同种类的医学影像技术称为不同的模态，例如 CT 和 MRI 是两种模态。由不同模态获得的诊断数据是可以互相补充的。医学影像技术的发展趋势之一是多模态的集成，合理地联合使用多种影像技术，以便更有效地诊断和治疗疾病。这方面的一个例子是 PET/CT 装置的建造和运行，这种装置集传统的 PET 影像技术和 CT 影像技术为一体，集结构成像和功能成像为一体。另一个例子是与射线影像技术结合的放射治疗装置的建造和运行，这种装置集医学影像技术和放射治疗技术为一体，集医学诊断和医学治疗为一体。

医学影像技术发展的另一个趋势是在分子水平上对人体内部的活

动进行成像，这种技术称为分子影像技术。这种技术和传统的结构成像技术及功能成像技术集成起来，不但可以得到宏观的人体内部图像，而且可以得到分子水平上的人体内部活动图像，从而更好地了解疾病的分子机理，有助于疾病的诊断和治疗。分子影像技术的几个要素是分子探针、信号放大、高灵敏探测和分析软件，需要把这几个方面有效地集成起来。

第十一章　教育集成论

在教育领域中有各种集成现象。将一般集成论的观点应用于教育领域，研究教育领域中集成现象的特点，具有实际的意义。

我们提出建立一门研究教育领域集成现象和规律及其应用的学科，并把它命名为教育集成论，它的英文名称是 education integratics。同时在与教育相关领域中，提出建立一门研究人类智能活动中集成现象和规律及其应用的学科，并把它命名为智能集成论，它的英文名称是 intelligence integratics。这一章讨论教育集成论的两个问题：一是智能的集成，二是教育内容的集成。

11.1　智能的集成

智能是人的心智能力和行为能力的集成，智能发展是各种能力的集成过程。教育对智能的发展起重要作用，智能集成有其自身的规律，要根据智能集成的特点进行教育工作。

在《智能论——心智能力和行为能力的集成》（唐孝威 2010）一书中对智能的集成有过详细的论述。下面是该书有关部分的摘要：

> 智能是非常复杂的现象。在智能活动中存在各种各样的集成现象，因此有必要对智能集成现象进行专门的讨论，着重讨论智能活

动中的集成作用和集成过程，智能集成作用是智能活动的重要机制，智能集成过程是智能活动的重要内容。

智能集成论用集成的观点研究智能活动的结构和过程，特别是其中的集成作用和集成过程，从而探讨智能的本质。作为一种理论，智能集成论是关于智能本质的理论，是关于心智能力和行为能力集成规律的理论。作为一门学科，智能集成论是研究智能活动中各个层次和各种类型的集成现象和规律及其应用的学科。

智能集成论的研究范围是智能现象，主要涉及与智能有关领域的集成现象。下面从研究对象、理论概念、研究内容和研究取向等方面，说明智能集成论的特点。

从研究对象来看，智能集成论的研究对象不同于以往一些智能理论的研究对象。智能既有心智能力，又有行为能力。在智能活动中，存在许多种心理相互作用，如心理成分相互作用、心脑相互作用、心身相互作用、心物相互作用和心理－社会相互作用等。以往有些智能理论只关心某些方面的能力，只考察某种或某几种智能成分，只涉及智能活动中某种或某几种心理相互作用；智能集成论则考察所有各种智能成分，并且涉及智能活动中所有各种心理相互作用，着重研究它们的集成。

从理论概念来看，智能集成论的理论概念和以往一些智能理论的理论概念不同。智能集成论的核心概念是集成。智能现象涉及不同层次和不同性质的智能成分、集成作用、集成环境、集成过程，以及集成构建的各种智能集成体。不同种类的智能成分，通过它们之间的各种相互作用进行不同形式的集成过程，构成不同层次和不同性质的智能集成体，在一定条件下智能集成体涌现新的特性。以往有些智能理论，如智能的因素理论，分析智能因素但不讨论其关联与发展；智能集成论则强调智能活动涉及的各个层次的智能成分的集成，以及智能活动中各种心理相互作用的集成。

从研究内容来看，智能集成论的研究内容和其他一些智能理论的研究内容不同。智能集成论认为，智能活动不是智能成分的简单叠加，而是通过智能成分间的相互作用进行集成，因此研究内容着重于智能的集成作用和集成过程。智能活动中有多种多样的集成现象，由于不同个体的智能成分、集成作用、集成环境和集成过程具有多样性和复杂性，因而不同个体的智能千差万别。

个体的智能是在先天遗传的基础上，通过各种心理相互作用，在后天长期实践的集成过程中发展的。经验表明，健全的智能成分、能动的集成作用、丰富的集成环境以及协调的集成过程，是有效发展智能、提高智能水平的关键。

从研究取向来看，智能集成论的研究取向和以往许多智能研究取向不同。以往许多智能研究取向以及各种具体的智能理论往往侧重描述智能的某一个侧面或某一些侧面，而智能集成论认为，智能是多种智能成分集成的统一体，智能活动中又有各种心理相互作用的集成，所以在构建理论时要对各种智能研究取向和对各种具体的智能理论进行集成。智能集成论是集各种智能研究取向和各种具体智能理论之大成的理论。

智能集成论的研究包括两个方面，一个方面是研究智能的集成现象，特别是研究智能活动中的集成作用和集成过程；另一个方面是研究智能理论的集成，其中有对当代各种智能研究取向的集成和对各种具体智能理论的集成。研究智能的集成以及研究智能理论的集成，目的都是了解智能的本质和探讨提高智能水平的方法，因此在智能集成论中对智能集成的研究和对智能理论集成的研究这两个方面是一致的。

《智能论——心智能力和行为能力的集成》（唐孝威 2010）一书中提出智能的一个理论框架，其中包括基于心理相互作用及其统一理论的广义的智能定义和智能的统一研究取向、关于智能结构和智能过程的观点，以及智能集成论。

智能集成论是这个智能理论框架的一部分，它用集成的观点考察智能现象和探讨智能的本质。智能集成论包括智能集成的研究和智能理论集成的研究两个方面。

在智能的集成方面，智能集成论的要点是：

一、个体智能活动的基础是脑和身体。智能活动包括心智活动、行为活动，以及它们之间的耦联。心智活动是脑的功能。心智支配行为，行为活动由身体实现，个体通过身体的感觉器官、运动器官、语言器官等与外界环境相互作用。

二、智能活动不能离开环境。在心－脑－身体－自然环境－社会环境的统一体中存在着各种相互作用。个体智能活动是在自然环境和社会环境中进行的，个体所处的多种多样的自然环境和社会环境对智能集成有重要的影响。

三、智能是心智能力和行为能力的集成。心智能力和行为能力有紧密的联系。心智能力和行为能力结合在一起，构成智能的整体。心智能力和行为能力都是通过不同层次、不同种类的集成过程而集成的，它们都具有复杂的结构。

四、有不同层次的、多种多样的智能成分和具体能力。

心智能力是智能的一个方面，它是由觉醒－注意能力、认知能力、情感能力、意志能力等各种智能成分集成的；其中每一种智能成分又包括许多具体能力，如认知能力包括感觉能力、知觉能力、记忆能力、思维能力、语言能力等许多具体能力；其中每一种具体能力又有结构，例如思维能力是由分析能力、综合能力、理解能力、推理能力等集成的。

行为能力是智能的另一个方面，它是由运动能力、操作能力、适应能力、社会能力等各种智能成分集成的；其中每一种智能成分包括许多种具体能力，例如社会能力包括人际行为能力、管理行为能力、表达能力等许多具体能力。

智能不是单一的一种成分，而是有许多种成分；不是单一的一种具体能力，而是有许多种具体能力。各种智能成分和具体能力结合在一起，智能是集各种智能成分和具体能力之大成的复杂的统一体。对于复杂的智能，不能只用一种指标来描述。

五、智能活动中存在不同层次的、多种多样的集成作用。智能活动中有多种心理相互作用，智能活动是通过多种心理相互作用实现的。

从心智活动来说，觉醒－注意、认知、情感、意志等各种成分，通过彼此间的相互作用以及心脑相互作用集成为心智活动。从心智活动中的认知过程来说，感觉、知觉、记忆、思维、语言等各种成分，通过彼此间的相互作用以及心脑相互作用集成为认知活动。从认知活动中的思维过程来说，分析、综合、理解、推理等通过彼此间的相互作用以及心脑相互作用集成为思维活动。从行为活动来说，也有类似的情形。在智能活动中，各种心理相互作用把不同的智能成分集成起来；在各种集成统一体中，这些智能成分不是简单的叠加，而是有机的集成。

六、在心智活动和行为活动中存在不同层次和不同种类的集成过程。在智能活动的集成过程中，许多不同的智能成分通过集成作用而形成不同层次的各种集成统一体。

心智活动和行为活动都是复杂的过程。在心智活动和行为活动的集成过程中，常常存在优化、同步、协调等现象。

七、智能集成过程是主动的过程。在心智活动中和行为活动中，存在主动的集成过程。心智和行为通过主动的集成过程形成统一体。以认知活动中的记忆为例，人的长时记忆不是事件的堆砌，而是通过集成过程主动地对记忆资料进行组织，形成既有分类又有联系的记忆网络。

在一定条件下，智能集成过程中会涌现新的功能。例如在长期的、主动的思维活动中，可能会出现新的思路，从而得到新的结果。

八、智能的发展性。从种系进化来说，人类的智能是进化的产物。从个体一生的发育和生长来说，个体各种智能成分和具体能力都不是固定不变，而在先天遗传的基础上、在后天实践中通过智能集成过程而不断发展。因此，集各种智能成分之大成的整体智能是不断发展的。

智能集成是一个不断进行的过程。集成过程常具有阶段性，而不是一次完成的。要研究智能的各种成分和具体能力的发展，研究它们随着时间变动的规律。

九、智能的个体差异。由于个体先天条件有差别，以及个体后天实践和学习过程中智能成分、集成作用、集成环境和集成过程的多样性，不同个体的智能有差异。

不同个体的智能成分和具体能力千差万别，但总是各有所长，又各有所短，对不同个体的智能不能用同一种标准一律要求。

十、智能的培养和提高。个体的智能是可以培养的，智能水平是可以提高的。许多因素对智能有影响，除遗传和营养等生物学因素以及环境和教育等因素外，自觉的学习和实践对智能水平的提高起决定性的作用。

提高智能水平并不取决于单一因素而要从许多方面人手。要通过长期的、主动的学习和实践，促进各种智能成分和具体能力的协调发展。

在智能理论的集成方面，智能集成论的要点是：

一、智能理论的发展。智能集成论强调智能理论的集成过程，认为智能理论发展的过程是在已有的智能认识的基础上，对智能研究中新现象、新概念、新理论进行集成的过程。随着人们对智能认识的扩展和深化，智能理论不断发展。

二、智能研究取向的集成。当代智能研究有多种不同的研究取向，它们分别侧重考察智能活动中不同种类的心理相互作用。基于心理相互作用及其统一理论的智能的统一研究取向，是对当代智能研究的各种不同研究取向进行集成的一种新的研究取向。

智能集成论是根据这种研究取向提出的智能理论，它对智能活动中所有各种心理相互作用进行全面的研究，而且注重智能活动中各种心理相互作用的统一性。

三、具体智能理论的集成。智能集成论是对当代各种具体智能理论的有益成果进行集成的理论。现有的多种多样的智能理论各有一定的依据和长处，它们可以互相补充。智能集成论把这些具体智能理论的有益成果集成起来，因而包含了智能的认知理论、智能的因素分析理论、智能的生物学理论、智能的情绪理论、智能的具身理论、智能的情境理论、智能的社会理论等许多理论的有益成果，形成比较完整的智能理论。

虽然智能集成论包含大量的具体智能理论的有关内容，但它并不是这些具体智能理论的简单汇总，而是按照心理相互作用及其统一的观点，对这些具体智能理论的许多有益成果进行集成而构建的新理论。

上面讨论的智能集成的特点对教育工作是有启发的。教育工作应当符合智能集成的特点，有效地促进人的心智能力和行为能力的集成。

11.2　教育内容的集成

人的素质包括德、智、体、美四个方面，上一节讨论了智能，它是人的素质的一部分。教育的目标是塑造德、智、体、美全面发展的人，使全社会每个人都有高尚的道德、优秀的智能、强健的体魄和美好的情感。全面的素质教育是对德育、智育、体育、美育四个方面进行集成的教育。

德育是品德教育，要培养人的品德：人人都要热爱祖国，热爱人民，要有远大的理想和高尚的道德，要尊老爱幼，遵纪守法。智育是知识技能教育，要增长人的知识和能力，人人都要热爱科学，热爱学习，要有正确的思想方法，掌握科学知识和技能，培养解决实际问题和为社会服务的能力。体育是体魄教育，要培养强健的体魄，人人锻炼身体，心身健康。美育是情感教育，要培养人的美好情感，人人热爱生活，热爱集体，要懂得真、善、美的标准，要有追求美好理想的坚强意志。

人的德、智、体、美四方面的素质互相联系，它们是统一的。四种素质要全面发展，教育中德育、智育、体育、美育四种内容也互相联系，在教育工作中这四个方都不能缺少。它们应当并重，而不能偏废。

教育的集成强调四种教育内容的集成，通过集成的素质教育来全面地塑造人。人有个体差异，每个人有自己的特点，教育要因材施教，培养富有特色的人；但是德、智、体、美四方面素质的全面发展，对每个人来说都是必要的。要在全面发展的基础上，发扬每个人的特长。

教育神经科学是神经科学和教育科学相结合的交叉学科，这门学科进行面向教育理论和教育实践的神经科学研究。德、智、体、美四方面素质都有相应的神经基础。脑的功能具有统一性，这四方面的神经基础也有统一性。研究德育教育、智育教育、体育教育、美育教育等实践中教育者和受教育者脑活动的机制，将使神经科学的研究内容更加丰富多彩。

这门学科还发展基于神经科学研究成果的教育理论，进行基于神经科学研究成果的教育实践。关于这四方面素质的神经基础的知识和脑功能统一性的知识，是进行教育内容集成的理论基础。把脑科学的研究成果应用于教育实践，将使教育工作能更加有效地提高人的素质。

在神经科学和教育科学的交叉研究中，除这两门学科本身之外，还有生理学、心理学、医学、认知科学、管理科学等多种学科的参与，其中涉及各门学科之间大量的知识集成。

脑的发展有敏感期，在敏感期中进行相应的教育，会有最好的效果。从婴幼儿、儿童、少年到青年，是一生中培养四方面素质的关键阶段。素质教育要从婴幼儿抓起，使他们心身从小就健康成长。从儿童、青少年到成人，各级学校要创造一个德、智、体、美四方面素质并重的环境，对学生进行全面的素质教育。

但教育不限于儿童和青少年，中年人和老年人也要不断提高素质。人的素质教育是终生的，社会对中年和老年人也要进行素质教育，老年人要学到老，对社会贡献到老。素质教育不仅是学校教育的任务，而且是全社会的任务。社会环境是塑造人的大环境，要在全社会造成一个有利于人人学习、人人素质全面发展的良好风气。

在教育工作中如何更好地把德育、智育、体育、美育四个方面的教育内容集成起来，这是一个需要深入研究的课题。近年来一些教育家提倡"做中学"的教育方法，就是在动手做的过程中进行科学教育，已经取得很好的效果（韦钰，Rowell 2005）。从全面培养德、智、体、美四方面素质的角度，可以把"做中学"的内容加以扩充，在动手做中不但学习各种科学知识，而且提高品德、锻炼身体和培养情感。

附　录

附录一　Sherrington 关于神经系统集成作用的部分论述

Sherrington 在 1906 年发表《神经系统的整合作用》一书，强调研究神经系统整合作用（即集成作用）的重要性。

他在讨论神经生理学时说，可以用三个观点研究神经生理学：

一是神经营养的观点。活的神经细胞和其他活细胞一样，都有生理活动，所以要考察活的神经细胞和神经系统的营养问题。

二是神经传导的观点。神经细胞能够传导神经冲动，所以要考察神经系统的传导过程。

三是神经系统整合作用的观点。多细胞动物的神经系统将动物体内各个器官联系起来。

在这三个观点中，特别重要的是神经整合的观点。

他认为动物体内存在多种整合，一是从结构方面看的动物器官的整合，以及由单个细胞组成统一的动物整体；二是动物体内的化学整合，例如体内各种腺体的协调活动；三是血液循环的整合作用，通过血液循环实现机体的统一活动；四是神经系统的整合作用。

他指出，神经系统的整合作用与其他几种整合不同。神经系统的整合作用不是通过细胞间物质的输运来实现，而是通过神经信号的传导来实现，因此在时间上是高速进行的，而且可以有远程的传导。神经连接有精确的空间分布，所以神经传导有精确的时间分布。

他对中枢神经系统的活动进行了系统的研究。在《神经系统的整合作用》一书中，他提出了"中枢神经系统的作用在于整合作用"的著名论断。他研究过神经系统不同层次的整合作用。

他从研究脊髓反射入手，通过肌紧张反射和屈反射，对中枢神经系统的整合作用进行了深入的研究。他认为反射是中枢神经系统的基本活动方式之一。身体的感受器接受外界刺激，转变为神经冲动，由传入神经传输到中枢，中枢再将神经冲动通过传出神经传输到周围器官的效应器，引起它们的活动，这就是反射。

因此，反射包括输入、输出和中枢三个环节。有机体具有输入端（即感受器）、中枢和输出端（即效应器）三种结构，它们分别进行三种过程，即外界刺激的接收过程、通过中枢的传导过程以及输出端的输出过程，由这三个过程构成反射活动。

反射活动是神经整合的单元反应，每次反射是一个整合反应，缺少反射的神经活动不是完整的整合过程。在一个简单的反射如膝跳反射中就有整合作用。他引入协调的概念来讨论反射，协调在反射过程中起重要的作用，反射是对各种输入协调的结果。他还指出，中枢神经系统有兴奋过程和抑制过程，中枢的应答是整合性的。

他详细讨论了脊髓反射的各种特性，包括简单反射中的协调作用、反射之间的相互作用、复合反射中的同时性结合、复合反射中的继时性结合、反射的适应反应等。

在研究反射时，他发现交互神经支配的神经协调方式。当一块肌肉收缩时，另一块与之相关的肌肉就放松。从神经活动来说，当支配肌肉收缩的运动神经元兴奋时，支配另一与之相关肌肉放松的神经元就抑制。神经的兴奋性活动伴随着抑制性活动，这就是交互神经支配。

在突触水平上，他讨论了突触的整合作用。突触的概念是他首先提出的，突触是一个神经元的末梢和另一个神经元的树突或胞体的接触点，它们是神经系统信号传递的基础。突触将许多输入转变为一个输出，这就是突触的整合作用。他指出，在突触部位有兴奋和抑制的相互作用，每一个突触是一个协调机构。

　　在神经细胞水平上，他讨论了单个神经细胞的整合作用。一个运动神经元的整合作用表现为细胞对信号的整合，一个运动神经元能够整合兴奋输入和抑制输入，对各种信号进行评估，从而决定行为。因此他把单个神经元看做是整合的细胞基础，可以从单个运动神经元来看整体的脑的整合作用。

　　在动物整体水平上，他指出多细胞动物的个体不仅是许多器官的集合，动物体内的神经系统通过整合作用而使分散的各个器官统一为具有一致性的动物个体。

　　他不但在中枢反射的层次上讨论了神经协调活动，而且把这些原理应用到较高层次的过程，例如在感觉过程方面，他讨论过双眼视觉现象。

　　他研究了大脑皮层的整合作用，指出脑是一个完整的整体。他还讨论过心智与身体的整合，认为神经系统最高水平的整合是心智与身体的整合。

　　在研究方法方面，他对不同的研究方法进行整合，他把神经解剖学、神经生理学以及行为研究等各种方法结合起来，进行神经系统的研究。

附录二　一般集成论的由来

一般集成论的观念是我在科研和教学第一线的长期实践中，在思想中逐步形成的。

20 世纪 80 年代，我在老一辈科学家的鼓励下，开始关心物理学和生物学与医学的交叉研究，以后又对物理学和脑科学与认知科学的交叉研究感兴趣。在此期间，我结识了许多生物学领域、医学领域和神经科学领域的朋友，和他们进行过广泛的讨论，并在实验和理论方面得到过他们的热情帮助。

在 90 年代，由于国家科研工作的需要，我和合作者先后进行了国家攀登计划"核医学和放射治疗中先进技术的基础研究"项目的研究，以及国家自然科学基金交叉重大项目"发展近场技术，研究生物大分子体系特征"的研究。

核医学和放射治疗是把核技术应用于医学临床的诊断和治疗，为人民健康服务。"核医学和放射治疗中先进技术的基础研究"项目包括核医学、放射性药物和放射治疗三个研究方向。这个项目的研究工作涉及核物理学、放射化学、医学、药理学、计算机科学等学科，有许多不同学科的研究工作者参加研究。

"发展近场技术，研究生物大分子体系特征"项目是研究和发展纳米探测和操纵技术，把它们应用于生物大分子体系的研究，以了解生物大分子体系的特征。这个项目的研究工作涉及物理学、分子生物学、化学、纳米技术、精密机械技术等学科，也有许多不同学科的研究工作者参加研究。

我参与这两个研究项目的工作，学习到医学物理学和生物物理学的许多知识和技术。同时，通过生物学、医学、物理学等多学科交叉研究，我开始形成知识集成和技术集成的观念，并且体会到学科交叉研究中集成的重要性。

学科交叉并不是几个学科中原有课题和设备的拼凑，也并不是几个学科的研究人员表面上的组合。实质性的学科交叉需要不同学科的研究工作者为解决同一个科学技术问题打成一片，进行长期的合作研究。多学科交叉的过程是集成过程，需有不同学科的知识集成和技术集成，还要有合作团队的资源集成和管理集成。

当时还因为要把医学影像技术应用于脑功能成像研究，我开始学习脑科学和认知科学。人类的脑是自然界中最复杂的物质。脑科学的研究包括探测脑、认识脑、保护脑、开发脑、仿造脑等领域，每一个领域的研究又涉及许多学科。脑功能成像是用影像技术无损伤地测量人在静息状态和认知过程中脑区的活动和连接情况，从而了解脑的工作原理。进行脑功能成像的实验，若只有单个学科的知识或单种实验技术是不够的，需要有多学科的知识和实验技术的集成。

在学习脑科学的过程中，Sherrington 的《神经系统的整合作用》一书给我很大影响。他说，中枢神经系统的主要作用是整合作用，动物中枢神经系统的整合作用使分散的各种器官统一为具有一致性的动物个体。Sherrington 通过脊髓反射过程对中枢神经系统的整合作用进行了深入的研究。他还讨论了突触的整合作用和单个神经细胞的整合作用。

他的思想使我尝试用集成（即整合）作用的观点考察脑内不同层次的各种活动。事实表明，从分子、基因、突触、神经细胞、神经回路、功能专一性脑区、功能子系统到整体的脑，在脑的不同层次都存在各种不同的集成现象。

在脑的系统水平上，脑是四个功能系统，即维持觉醒的功能系统、加工信息的功能系统、调节控制的功能系统和评估－情绪的功能系统的集成，这些系统的协调运作保证了脑的正常活动。除脑的结构与功能集成外，脑内还存在信息集成和心理集成等许多类型和多种形式的集成作用和集成过程。

当时，在进行脑功能成像实验之外，我和合作者还开展了神经信息学的工作。神经信息学是神经科学和信息科学相结合的交叉学科。神经信息学的一个方面是以信息和信息处理的观点，研究神经系统信息的载体形式，神经信息的产生、传输和加工，以及神经信息的编码、存储和提取的机制等，也就是研究脑的信息集成。

神经信息学的另一个方面是利用现代化的信息工具，将脑的不同层次的研究数据集中起来，建立神经信息数据库和神经信息工作平台，对数据进行分析、处理和建模，进行科学数据的交换、共享和合作研究。许多学科领域的科学数据共享，包括我们推动的神经科学数据共享，都是科学信息的集成和网络通信的集成。

2001 年初我全职到浙江大学工作，组织了学校的脑和智能研究中心。那时由于学校学科建设的需要，我和同事们先后组织和进行了"十五""211 项目""脑与认知科学及其应用"的研究，以及"985"二期项目"语言与认知研究"的工作。

"脑与认知科学及其应用"项目对脑与认知科学中若干问题和应用开展多学科的研究，其中包括分子神经生物学、神经－内分泌－免疫网络、神经信息学、认知科学应用等方面的研究。"语言与认知研究"项目对语言与认知的若干前沿问题进行多学科的研究，其中包括心智与意识、语言认知、社会认知、认知科学应用等方面的研究。

那时浙江大学还成立了语言与认知研究中心，这是学校哲学社会科学的创新基地。参加这个中心的工作，使我有机会向人文社会科学的专家们学习，和他们进行广泛的讨论，共同促进文理交融，也使我获得了进行自然科学和人文社会科学集成研究的一些体验。

在上面两个项目的研究中，我做过一些具体的研究课题。我从现有的实验事实出发，先后探讨过心智的本质问题、心理学的理论体系问题以及认知科学理论的集成问题。在心理学和认知科学领域中的这些探讨，促进了我对不同领域中各种集成现象的思考。

心智是非常复杂的现象。心智活动包括觉醒成分、认知成分、情感成分、意志成分等许多成分。我体会到，要对这些成分和它们之间的相互作用进行集成研究，还要对心智、脑、身体、自然环境、社会环境等进行集成研究，才能全面地了解心智的本质。

当代心理学包括许多基础学科和应用学科，它们分别有许多分支学科。当代心理学的基础学科有实验心理学、生物心理学、生理心理学、神经心理学、心理物理学、认知心理学、发展心理学、人格心理学、社会心理学，等等。当代心理学的应用学科有教育心理学、学校心理学、医学心理学、临床心理学、工程心理学、工业及组织心理学、体育心理学、军事心理学、广告心理学、司法心理学，等等。我提出了基于心理相互作用及其统一理论的心理学大统一理论，尝试把上述大量的不同学科集成到一个统一的理论体系之中。

当代认知科学有许多种研究取向，主要是认知的神经生物学研究取向、信息加工研究取向、具身认知的研究取向、情境认知的研究取向、社会认知的研究取向、进化心理学研究取向、发展心理学研究取向、人工智能研究取向等。我认为，认知科学的研究要面对现有的所有各种研究取向，通过对它们进行集成，来构建认知科学的集成理论。

近十多年来，我在几个单位和同事们合作，并且指导研究生，从事静息态和认知的脑功能成像的实验，以及医学影像技术的发展和应用。特别是同北京大学北京市医学物理和工程重点实验室进行了长期的合作，这个实验室的工作在硬件方面包括 CT、MRI、SPECT、PET、fMRI、脑电等多种技术的发展和应用，在软件方面包括图像分割、配准、融合等多种方法的发展和应用，同时还进行放射治疗学的研究。

我们进行过结构成像和功能成像，后来又推动分子影像学的研究。分子影像学是医学影像学和分子生物学相互交叉产生的学科，分子影像技术是利用各种医学影像技术对人体内部特定的分子进行无损伤的实时成像。

这些工作加深了我对集成现象的认识。我体会到，技术集成能够促进新技术的发展。在医学影像技术领域中，这种技术集成表现为多种模态影像技术、多种影像实验数据以及多种影像分析方法等的综合应用。

为了教育学的学科建设，我在浙江大学还探索过智能问题，并且和浙江大学及浙江师范大学的教师们一起，进行教育神经科学的讨论和研究，因而逐步接触了智能集成和教育集成等观念。

智能包括心智能力、行为能力以及各种具体能力，智能具有层次性的结构和动态发展的过程。我认为，智能是心智能力和行为能力的集成，也是各种心理相互作用能力的集成；需要研究层次性的智能结构中的各种集成作用，以及动态的智能活动中的各种集成过程。

教育神经科学是神经科学和教育科学相结合的交叉学科。在教育神经科学领域中，一方面要进行面向教育理论和教育实践的神经科学研究，另一方面要发展基于脑科学研究成果的教育理论和教育实践。教育神经科学需要神经科学和教育科学等方面知识的集成。

在上面提到的科研和教学第一线的实践中，我接触到许多不同领域的各种集成现象，因而在思想中逐步形成了一般集成论的观念。我注意到，在自然界、工程技术领域和人类社会中广泛存在多种多样的集成现象。这些现象的普遍性使我进一步考察各种集成作用和集成过程的特点以及它们的一般特性。

在向脑学习和研究不同领域相关实验事实的基础上，我归纳各种集成作用和集成过程的一些一般性的概念，如优化、全局化、互补、协调、符合、同步、绑定、涌现、适应、同化、集大成、大统一等概念，用来描述集成现象的共性。

我认为，有必要在探讨各种集成现象一般特性的基础上，总结各个不同领域中有关集成现象的事实和观念，构建一门研究各类集成现象一般特性和规律及其应用的学科。我把这门学科定名为一般集成论，它的英文名称命名为 general integratics，简称 integratics。

我还考虑把一般集成论应用于各种具体领域，构建一系列研究各种具体领域中集成现象特别是集成作用和集成过程的具体规律及其应用的子学科。我把这些子学科称为专门集成论，它们的英文名称命名为 special integratics。

这些专门集成论形成一个学科群。一般集成论是这个学科群中各种子学科的集成。这些专门集成论的种类很多，下面举出其中几种作为例子：

在生物领域中有各种集成现象，需要建立一门研究生物领域中集成现象的特性和规律及其应用的子学科，可以把它定名为生物集成论，它的英文名称是 bio-integratics。

在医学领域中有各种集成现象，需要建立一门研究医学领域中集成现象的特性和规律及其应用的子学科，可以把它定名为医学集成论，它的英文名称是 med-integratics。

在心理领域中有各种集成现象，需要建立一门研究心理领域中集成现象的特性和规律及其应用的子学科，可以把它定名为心理集成论，它的英文名称是 psycho-integratics。

在认知科学领域中有各种集成现象，需要建立一门研究认知领域中集成现象的特性和规律及其应用的子学科，可以把它定名为认知集成论，它的英文名称是 cogno-integratics。

在信息科学领域中有各种集成现象，需要建立一门研究信息领域中集成现象的特性和规律及其应用的子学科，可以把它定名为信息集成论，它的英文名称是 info-integratics。

在地球科学领域中有各种集成现象，需要建立一门研究地球科学领域中集成现象的特性和规律及其应用的子学科，可以把它定名为地球集成论，它的英文名称是 geo-integratics。

在空间科学领域中有各种集成现象，需要建立一门研究空间科学领域中集成现象的特性和规律及其应用的子学科，可以把它定名为空间集成论，它的英文名称是 space integratics。

在环境科学领域中有各种集成现象，需要建立一门研究环境科学领域中集成现象的特性和规律及其应用的子学科，可以把它定名为环境集成论，它的英文名称是 environment integratics。

在工程领域中有各种集成现象，需要建立一门研究工程领域中集成现象的特性和规律及其应用的子学科，可以把它定名为工程集成论，它的英文名称是 engineering integratics。

在技术领域中有各种集成现象，需要建立一门研究技术领域中集成现象的特性和规律及其应用的子学科，可以把它定名为技术集成论，它的英文名称是 technology integratics。

在教育领域中有各种集成现象，需要建立一门研究教育领域中集成现象的特性和规律及应用的子学科，可以把它定名为教育集成论，它的英文名称是 education integratics。

在经济领域中有各种集成现象，需要建立一门研究经济领域中集成现象的特性和规律及其应用的子学科，可以把它定名为经济集成论，它的英文名称是 economics integratics。

在文化领域中有各种集成现象，需要建立一门研究文化领域中集成现象的特性和规律及其应用的子学科，可以把它定名为文化集成论，它的英文名称是 culture integratics。

在社会领域中有各种集成现象，需要建立一门研究社会领域中集成现象的特性和规律及其应用的子学科，可以把它定名为社会集成论，它的英文名称是 social integratics。

同时还需要建立许多具体领域中的专门集成论，例如神经集成论 (neuro-integratics)、脑集成论 (brain integratics)、知识集成论 (knowledge integratics)、智能集成论 (intelligence integratics)、管理集成论 (management integratics)，等等。

开展一般集成论和各种专门集成论的研究，需要许多学科的专家共同的、长期的努力。我计划在浙江大学开设一门关于一般集成论的讲座，给学生讲解各种领域中集成作用和集成过程的一般特性和原理的知识，来推动这个学科的科研和教学工作。作为这个计划的第一步，先写一本阐述一般集成论理论及其应用的专著，向各方面专家请教，希望通过相互切磋，逐步形成比较完整的理论体系。这就是本书的由来。

如前所述，一般集成论的观念是受 Sherrington《神经系统的整合作用》一书的思想影响下逐步形成的。从分析脑内不同层次的集成现象出发，再进而逐步考察自然界、技术领域和人类社会中的集成现象；从提出脑集成论、神经集成论和仿脑学理论，逐步发展到提出一般集成论。因此本书用"向脑学习"作为副标题。

在此期间，我阅读了前人控制论、系统论、信息论以及综合集成法等方面的论著，这些理论对我很有启发。我分析了一般集成论和这些理论之间的联系，也弄清了一般集成论和这些理论之间的区别。希望我们开展的一般集成论以及一系列专门集成论的研究，能够补充和丰富前人这些理论的成果。

附录三　本书用词说明

"集成"和"整合"两词的意义相同，两者是通用的，在英文中都是 integration。

这里对本书中"集成"和"整合"两词的使用作一点说明。本书中用这两词有两种情况，一种情况是原来沿用的，另一种情况是本书命名的。

对于原来沿用的，因为已是惯用名词，所以仍用习惯名称，在书中分别采用"整合"或"集成"两词，未加以统一。例如，在"神经系统的整合作用"中，保留"整合"一词，而在"集成电路"、"集成光学"中，保留"集成"一词。

至于由本书命名而过去未曾使用过的，本书中都统一采用"集成"一词。例如，由本书命名的"一般集成论"、"神经集成论"、"脑集成论"及"结构集成"、"功能集成"、"信息集成"、"心理集成"……中，都采用"集成"一词。

参考文献

Lambright W. 2009. 重大科学计划实施的关键：管理与协调[M]. 王小宁，译.
北京：科学出版社.

埃克尔斯. 2004. 脑的进化：自我意识的创生[M]. 潘泓，译. 上海：上海科技
教育出版社.

包含飞. 2003. 生物医学知识整合论（一）[J]. 医学信息：医学与计算机应用，
16（6）：274—279.

贝塔朗菲. 1987. 一般系统论：基础·发展·应用[M]. 秋同，袁嘉新，译. 北
京：社会科学文献出版社.

玻尔. 1964. 原子论和自然的描述[M]. 郁韬，译. 北京：商务印书馆.

常杰，葛滢. 2005. 统合生物学纲要[M]. 北京：高等教育出版社.

陈捷娜，吴秋明. 2007. 产业集群的集成论阐释[J]. 科技进步与对策，24（3）：
58—61.

陈宜张. 2008. 神经科学的历史发展和思考[M]. 上海：上海科学技术出版社.

戴汝为. 2009. 基于综合集成法的工程创新[M]. 工程研究：跨学科视野中的工
程，1（1）：46—50.

段树民. 2008. 神经胶质细胞[M] // 陈宜张. 神经科学的历史发展和思考. 上
海：上海科学技术出版.

方嘉琳. 1982. 集合论[M]. 长春：吉林人民出版社.

弗利曼. 2004. 神经动力学：对介观脑动力学的探索[M]. 顾凡及，梁培基，等
译. 杭州：浙江大学出版社.

顾凡及，梁培基. 2007. 神经信息处理[M]. 北京：北京工业大学出版社.

海峰，李必强，冯艳飞．2001. 集成论的基本范畴[J]. 中国软科学，1：114—117.

海峰，李必强．1999. 管理集成论[J]. 中国软科学，3：86—87.

胡启勇．文化整合论[J]. 2002. 贵州民族学院学报：哲学社会科学版，1：36—40，53.

黄秉宪．2000. 脑的高级功能与神经网络[M]. 北京：科学出版社．

金迪斯等．2005. 走向统一的社会科学：来自桑塔费学派的看法[M]. 浙江大学跨学科社会科学研究中心，译．上海：上海人民出版社．

克里克．1994. 狂热的追求：科学发现之我见[M]. 吕向东，唐孝威，译．合肥：中国科学技术大学出版社．

李必强，胡浩．2004. 企业产权集成论[J]. 理论月刊，5：165—166.

刘晓强．1997. 集成论初探[J]. 中国软科学，10：103—106.

吕叔湘．1979. 汉语语法分析问题[M]. 北京：商务印书馆．

牛世盛．1997. 生命整合论：生命现象探索[M]. 北京：中央民族大学出版社．

潘菽等．1985. 人类的智能：人类心理图说[G]. 上海：上海科学技术出版社．

彭聃龄．2001. 普通心理学[G]. 北京：北京师范大学出版社．

皮亚杰．2006. 结构主义[M]. 倪连生，王琳，译．北京：商务印书馆．

齐纳，约翰逊．1986. 集合论初步[M]. 麦卓文，麦绍文，译．北京：科学出版社．

钱学森，于景元，戴汝为．1990. 一个科学新领域：开放的复杂巨系统及其方法论[J]. 自然杂志，1：4.

钱学森．1986. 关于思维科学[G]. 上海：上海人民出版社．

钱学森．2007. 创建系统学[M]. 上海：上海交通大学出版社．

宋晓兰，陈飞燕，唐孝威．2007. 无意识活动与静息态脑能量消耗[J]. 应用心理学，13（1）：33—36，43.

宋晓兰，唐孝威．2008. 意识全局工作空间的扩展理论[J]. 自然科学进展，18（6）：622—627.

索绪尔．1980. 普通语言学教程[M]. 高名凯，译．北京：商务印书馆．

唐孝威，郭爱克．2000. 选择性注意的统一模型[J]. 生物物理学报，16（1）：187—188.

唐孝威，黄秉宪. 2003. 脑的四个功能系统学说[J]. 应用心理学，9（2）：3—5.

唐孝威，沈小雷，何宏建. 2008. 关于人体经络的一个试探性观点[J]. 中国工程
　　科学，10（11）：15.

唐孝威. 1985. 正负电子对撞实验[M]. 北京：人民教育出版社.

唐孝威. 1992. 关于有丝分裂后期染色体作用力的讨论[J]. 自然科学进展，2：
　　454.

唐孝威. 1993. L3 合作实验[J]. 自然科学进展，3：303.

唐孝威. 1999. 脑功能成像[G]. 合肥：中国科学技术大学出版社.

唐孝威. 2001. 核医学和放射治疗技术[G]. 北京：北京医科大学出版社.

唐孝威. 2003a. 脑功能原理[M]. 杭州：浙江大学出版社.

唐孝威. 2003b. 意识的四个要素理论[J]. 应用心理学，9（3）：10—13.

唐孝威. 2004. 意识论：意识问题的自然科学研究[M]. 北京：高等教育出版社.

唐孝威. 2005. 关于心理学统一理论的探讨[J]. 应用心理学，11（3）：282—
　　283.

唐孝威. 2007. 统一框架下的心理学与认知理论[M]. 上海：上海人民出版社.

唐孝威. 2008a. 心智的无意识活动[M]. 杭州：浙江大学出版社.

唐孝威. 2008b. AMPLE 智力模型：PASS 智力模型的扩展[J]. 应用心理学，14
　　（1）：66—69.

唐孝威. 2010. 智能论：心智能力和行为能力的集成[M]. 杭州：浙江大学出版社.

唐孝威等. 1992. 花粉管生长和内部颗粒运动的定量测量[J]. 植物学报，34：
　　893.

唐孝威等. 2001. 神经元簇的层次性联合编码假设[J]. 生物物理学报，17（4）：
　　806—808.

唐孝威等. 2006. 脑科学导论[M]. 杭州：浙江大学出版社.

韦钰，Rowell. 2005. 探究式科学教育教学指导[M]. 北京：教育科学出版社.

维纳. 2007. 控制论：或关于在动物和机器中控制和通信的科学[M]. 郝季仁，
　　译. 北京：北京大学出版社.

阎隆飞，唐孝威，刘国琴. 1994. 花粉管胞质颗粒运输的流动轨道系统[J]. 自然
　　科学进展，4：599.

杨宁等. 2003. 非洲爪蟾卵非细胞体系中星体的组装及其在核膜重建中的作用 [J]. 科学通报, 48 (15): 1623.

喻红阳, 李海婴, 吕鑫. 2005. 网络组织集成论[J]. 理论月刊, 2: 110—112.

张香桐. 1997. 张香桐科学论文集: 1936 ~1997 [G]. 上海: 中国科学院上海分院图书馆.

Adeva B, et al. 1990. The construction of the L3 experiment [J]. Nuclear Instruments and Methods in Physics Research Section A: Accelerators, Spectrometers, Detectors and Associated Equipment, 289 (1—2): 35—102.

Alkire M, et al. 1995. Cerebral metabolism during propofol anesthesia in humans studied with positron emission tomography [J]. Anesthesiology, 82 (2): 393—403.

Alkire M, et al. 1997. Positron emission tomography study of regional cerebral metabolism in humans during isoflurane anesthesia [J]. Anesthesiology, 86 (3): 549—557.

Alkire M, et al. 1999. Functional brain imaging during anesthesia in humans: Effects of halothane on global and regional cerebral glucose metabolism [J]. Anesthesiology, 90 (3): 701—709.

Anderson J, et al. 2004. An integrated theory of the mind [J]. Psychological Review, 111 (4): 1036—1060.

Anderson J. 1983. The architecture of cognition [M]. Massachusetts: Harvard University Press.

Arnold M. 1960. Emotion and personality [M]. New York: Columbia University Press.

Baars B, Franklin S. 2003. How conscious experience and working memory interact [J]. Trends in Cognitive Sciences, 7 (4): 166—172.

Baars B. 1983. Conscious contents provide the nervous system with coherent, global information [G]// Davidson R, et al. Consciousness and self-regulation. New York: Plenum Press.

Baars B. 1988. A cognitive theory of consciousness [M]. New York: Cambridge

University Press.

Barlow H. 1972. Single units and sensation: A neuron doctrine for perceptual psychology? [J]. Perception, 1 (4): 371—394.

Beggs J, Plenz D. 2004. Neuronal avalanches are diverse and precise activity patterns that are stable for many hours in cortical slice cultures [J]. The Journal of Neuroscience, 24 (22): 5216—5229.

Biswal B, et al. 2010. Toward discovery science of human brain function [J]. Proceedings of the National Academy of Sciences, 107 (10): 4734—4739.

Brooks A. 1991. Intelligence without reason [C] // Mylopoulos J, Reiter R. Proceedings of the 12th International Joint Conference on Artificial Intelligence. San Mateo, CA: Morgan Kaufmann, pp. 569—595.

Brooks R. 1999. Cambrian intelligence: The early history of the new AI [M]. Massachusetts: The MIT Press.

Buzsáki G. 2006. Rhythms of the brain [M]. New York: Oxford University Press.

Buzsáki G. 2007. The structure of consciousness [J]. Nature, 446 (7133): 267.

Cacioppo J, et al. 2002. Foundations in social neuroscience [G]. Massachusetts: The MIT Press.

Chomsky N. 1957. Syntactic structure [M]. The Hague: Mouton.

Corbetta M, et al. 1991. Selective and divided attention during visual discriminations of shape, color and speed: Functional anatomy by positron emission tomography [J]. Journal of Neuroscience, 11: 2383—2402.

Crick F, Koch C. 2003. A framework for consciousness [J]. Nature Neuroscience, 6: 119—126.

Crick F. 1984. Function of the thalamic reticular complex: The searchlight hypothesis [J]. Proceedings of the National Academy of Sciences, 81 (14): 4586—4590.

Das J, Naglieri J, Kirby J. 1994. Assessment of cognitive processes: The PASS theory of intelligence [M]. Boston: Allyn and Bacon.

Dehaene S. 2001. The cognitive neuroscience of consciousness [G]. Massachusetts:

The MIT Press.

Denmark F, Krauss H. 2005. Unification through diversity [G] // Sternberg R. Unity in psychology: Possibility or pipedream? Washington, DC: American Psychological Association.

Desimone R, Duncan J. 1995. Neural mechanisms of selective visual attention [J]. Annual Review of Neuroscience, 18: 193—222.

Duncan J, Ward R, Shapiro K. 1994. Direct measurement of attentional dwell time in human vision [J]. Nature, 369 (6478): 313—315.

Eckhorn R, et al. 1988. Coherent oscillations: A mechanism for feature linking in the visual cortex [J]. Biological Cybernetics, 60 (2): 121—130.

Edelman G, Tononi G. 2000. A universe of consciousness: How matter becomes imagination[M]. New York: Basic Books.

Flourens P. 1960. Investigations of the properties and the functions of the various parts which compose the cerebral mass [G] // von Bonin G. Some papers on the cerebral cortex. Springfield, IL: Charles C. Thomas, pp. 3—21.

Fodor J. 1983. The modularity of mind: An essay on faculty psychology [M]. Cambridge, MA: MIT Press.

Fox M, et al. 2005. The human brain is intrinsically organized into dynamic, anticorrelated functinal networks [J]. Proceedings of the National Academy of Sciences, 102 (27): 9673—9678.

Frackowiak R, et al. 1997. Human brain function [M]. San Diego: Academic Press.

Fransson P. 2005. Spontaneous low-frequency BOLD signal fluctuations: An fMRI investigation of the resting-state default mode of brain function hypothesis [J]. Human Brain Mapping, 26 (1): 15—29.

Fujii H, et al. 1996. Dynamical cell assembly hypothesis: Theoretical possibility of spatio-temporal coding in the cortex [J]. Neural Network, 9 (8): 1303—1350.

Fuster J. 1997. Network memory [J]. Trends in Neurosciences, 20 (1): 451—459.

Gallagher H, Frith C. 2003. Functional imaging of 'theory of mind' [J]. Trends in

Cognitive Sciences, 7 (2): 77—83.

Gardner H. 1985. The mind's new science: A history of the cognitive revolution [M]. New York: Basic Books.

Gardner H. 1993. Multiple intelligence: The theory in practice, A Reader [M]. New York: Basic Books.

Gazzaniga M, et al. 1998. Cognitive neuroscience: The biology of the life [M]. New York: W. W. Norton & Company.

Gazzaniga M. 2000. The cognitive neuroscience [G]. 2nd ed. Cambridge: The MIT Press.

Gibson J. 1979. An ecological approach to visual perception [M]. Boston: Houghton Mifflin.

Glassman W. 2000. Approaches to psychology [M]. 3rd ed. Philadelphia: Open University Press.

Goleman D. 1995. Emotional Intelligence [M]. New York: Bantam Books.

Gray C, et al. 1989. Oscillatory responses in cat visual cortex exhibit inter-columnar synchronization which reflects global stimulus properties [J]. Nature, 338: 334—337.

Greicius M, et al. 2003. Functional connectivity in the resting brain: A network analysis of the default mode hypothesis [J]. Proceedings of the National Academy of Sciences, 100 (1): 253—258.

Greicius M, Menon V. 2004. Default-mode activity during a passive sensory task: Uncoupled from deactivation but impacting activation [J]. Journal of Cognitive Neuroscience, 16 (9): 1484—1492.

Gusnard D, Raichle M. 2001. Searching for a baseline: Functional imaging and the resting human brain [J]. Nature Reviews Neuroscience, 2: 685—694.

Haberlandt K. 1997. Cognitive Psychology [M]. 2nd ed. Boston: Allyn and Bacon.

Hawkins J, Blakeslee S. 2004. On intelligence [M]. New York: Henry Holt.

He Y, et al. 2009. Uncovering intrinsic modular organization of spontaneous brain activity in humans [J]. PLoS ONE, 4 (4): e5226.

Hebb D. 1949. The organization of behavior: A neuropsychological theory [M]. New York: John Wiley.

Hilgard E. 1987. Psychology in America: A historical survey [M]. New York: Harcourt Brace College Publishers.

Hillyard S, Picton T. 1987. Electrophysiology of cognition [G]//Plum F. Handbook of Physiology: Vol 5. Baltimore: American Physiological Society.

Hothersall D. 1984. History of psychology [M]. Philadelphia: Temple University Press.

Jacob F. 1977. Evolution and tinkering [J]. Science, 196 (4295): 1161—1166.

Kandel E, et al. 2000. Principles of neural science [M]. 4th ed. New York: McGraw-Hill Medical.

Kosslyn S, Koenig O. 1995. Wet mind: The new cognitive neuroscience [M]. New York: The Free Press.

Kuhn T. 1970. The structure of scientific revolution [M]. 2nd ed. London: Cambridge University Press.

L3 Collaboration. 1993. Results from the L3 experiment at LEP [J]. Physics Reports, 236 (1–2): 1—146.

Lakoff G, Johnson M. 1999. Philosophy in the flesh: The embodied mind and its challenge to Western thought [M]. New York: Basic Books.

Lashley K. 1929. Brain mechanisms and intelligence [M]. Chicago: University of Chicago Press.

Laureys S. 2005. The neural correlate of (un) awareness: Lessons from the vegetative state [J]. Trends in Cognitive Science, 9 (12): 556—559.

Lazarus R. 1993. From psychological stress to the emotion: A history of changing outlooks[M]. Annual Review of Psychology, 44: 1—22.

Le Doux, J. 1996. The emotional brain: The mysterious underpinning of emotional life [M]. New York: Simon and Schuster.

Liljenström H, Århem P. 2008. Consciousness transitions: Phylogenetic, ontogenetic, and physiological aspects [M]. Amsterdam: Elsevier.

Logothetis N, et al. 2001. Neurophysiological investigation of the basis of the fMRI signal [J]. Nature, 412 (6843): 150—157.

Luria A. 1966. Human brain and psychological processes [M]. New York: Harper and Row.

Luria A. 1973. The working brain: An introduction to neuropsychology [M]. New York: Basic Books.

Maddock R. 1999. The retrosplenial cortex and emotion: New insights from functional neuroimaging of the human brain [J]. Trends in Neurosciences, 22 (7): 310—316.

Maier S, Watkins L. 1998. Cytokines for psychologists: Implications of bidirectional immune-to-brain communication for understanding behavior, mood, and cognition [J]. Psychological Review, 105 (1): 83—107.

McCann S, et al. 1998. Neuroimmunomodulation: Molecular aspects, integrative systems and clinical advances [J]. Annals of the New York Academy of Sciences, vol. 840.

McCarthy R, Warrington E. 1990. Cognitive neuropsychology: A clinical introduction [M]. London: Academic Press.

McKiernan K, et al. 2003. A parametric manipulation of factors affecting task-induced deactivation in functional neuroimaging [J]. Journal of Cognitive Neuroscience, 15 (3): 394—408.

Melmed S. 2001. Series Introduction: The immuno-neuroendocrine interface [J]. Journal of Clinical Investigation, 108 (11): 1563—1566.

Miall R, Robertson E. 2006. Functional imaging: Is the resting brain resting? [J]. Current Biology, 116 (23): 998—1000.

Miller G, et al. 2007. Hunting for meaning after midnight [J]. Science, 315 (5817): 1360—1363.

Naccache L. 2006. Is she conscious? [J]. Science, 313 (5792): 1395—1396.

Naglieri J, Das J. 1990. Planning, attention, simultaneous and successive (PASS) cognitive processes as a model for intelligence [J]. Journal of Psychoeducational

Assessment, 8 (3): 303—337.

Newell A, Simon H. 1972. Human problem solving [M]. Englewood Cliffs, NJ: Prentice-Hall.

Newell A. 1990. Unified theories of cognition [M]. Massachusetts: Harvard University Press.

Northoff G, Bermpohl F. 2004. Cortical midline structures and the self [J]. Trends in Cognitive Sciences, 8 (3): 102—107.

Piaget J. 1983. Piaget's theory [G]// Mussem P. Handbook of child psychology, vol. 1. 4th ed. New York: Wiley.

Posner M, Rothbart M. 2006. Educatiag the human brain [M]. Washington DC: American Psychological Association.

Purves D, et al. 1997. Neuroscience [M]. Sunderland: Sinauer Associates.

Raichle M, et al. 2001. A default mode of brain function [J]. Proceedings of the National Academy of Sciences, 98 (2): 676—682.

Raichle M, Mintun M. 2006. Brain work and brain imaging [J]. Annual Review of Neuroscience, 29: 449—476.

Raichle M, Snyder A. 2007. A default mode of brain function: A brief history of an evolving idea [J]. Neuroimage, 37 (4): 1083—1090.

Raichle M. 2006. The brain's dark energy [J]. Science, 314 (5803): 1249—1250.

Salovey P, Mayer J. 1990. Emotional intelligence [J]. Imagination, Cognition and Personality, 9 (3): 185—211.

Schiff N, et al. 2002. Residual cerebral activity and behavioural fragments can remain in the persistently vegetative brain [J]. Brain, 125 (6): 1210—1234.

Sdorow L. 1995. Psychology [M]. 3rd ed. Madison: Brown and Benchmark.

Searle J. 2000. Consciousness [J]. Annual Review of Neuroscience, 23: 557—578.

Shannon C, Weaver W. 1949. The mathematical theory of communication [M]. Urbana: Univesity of Illinois Press.

Sherrington C. 1906. The integrative action of the nervous system [M]. New York: Charles Scribner's Sons.

Shulman G, et al. 1997. Common blood flow changes across visual tasks: II. Decreases in cerebral cortex [J]. Journal of Cognitive Neuroscience, 9 (5): 648 —663.

Shulman R, et al. 2004. Energetic basis of brain activity: Implications for neuroimaging [J]. Trends in Neuroscience, 27 (8): 489 —495.

Singer W, Gray C. 1995. Visual feature integration and the temporal correlation hypothesis [J]. Annual Review of Neuroscience, 18: 555 —586.

Staats A. 1999. Unifying psychology requires new infrastructure, theory, method, and research agenda [J]. Review of General Psychology, 3 (1): 3 —13.

Sternberg R, Grigorenko E. 2001. Unified psychology [J]. American Psychologist, 56 (12): 1069 —1079.

Sternberg R. 1985. Beyond IQ: A triarchic theory of human intelligence [M]. New York: Cambridge University Press.

Sternberg R. 2005. Unity in psychology: Possibility or pipedream? [G] Washington, DC: American Psychological Association.

Tang, Xiaowei. 1998. Meshwork supported fluid film model of cell membranes [J]. Chinese Physics Letter, 15 (10): 770 —771.

Thompson E, Varela F. 2001. Radical embodiment: Neural dynamics and consciousness [J]. Trends in Cognitive Science, 5 (10): 418 —425.

Tian L, et al. 2007. The relationship within and between the extrinsic and intrinsic systems indicated by resting state correlational patterns of sensory cortices [J]. Neuroimage, 36 (3): 684 —690.

Tononi G, et al. 1994. A measure for brain complexity: Relating functional segregation and integration in the neurons system [J]. Proceedings of the National Academy of Sciences, 91 (11): 5033 —5037.

Treisman A, Gelade G. 1980. A feature-integration theory of attention [J]. Cognitive Psychology, 12 (1): 97 —136.

Treisman A, Sykes M, Gelade G. 1977. Selective attention stimulus integration [G] // Dornie S. Attention and performance VI. Hilldale NJ: Lawrence Erlbaum, pp. 333—361.

Underleider L, Mishkin M. 1982. Two cortical visual systems [G]//Ingle D, et al. Analysis of visual behavior. Cambridge MA: MIT Press, pp. 549—586.

Varela F, Thompson E, Rosch E. 1991. The embodied mind: Cognitive science and human experience [M]. Massachusetts: The MIT Press.

Vogeley K, et al. 2004. Neural correlates of first-person perspective as one constituent of human self-consciousness [J]. Journal of Cognitive Neuroscience, 16 (5): 817—827.

von Bertalanffy L. 1950. An outline of general system theory [J]. British Journal for the Philosophy of Science, 1 (2): 139—165.

von Bertalanffy L. 1976. General system theory: Foundation, development, applications [M]. Rev. ed. New York: George Braziller.

von der Malsburg C. 1981. The correlation theory of brain function [R]. Goettingen: Max-Planck-Institute for Biophysical Chemistry.

Waelti P, et al. 2001. Dopamine responses comply with basic assumptions of formal learning theory [J]. Nature, 412: 43—48.

Wickelgren I. 2003. Tapping the mind [J]. Science, 299 (5606): 496—499.

Wilson E. 1998. Consilience: The unity of knowledge [M]. New York: Alfred A. Knopf.

Wolpaw J, et al. 2002. Brain-computer interfaces for communication and control [J]. Clinical Neurophysiology, 113 (6): 767—791.

Zeki S, et al. 2003. The disunity of consciousness [J]. Trends in Cognitive Sciences, 7 (5): 214—218.

Zeki S. 1993. A vision of the brain [M]. Oxford: Wiley-Blackwell.

名词简释

这里对《一般集成论——向脑学习》中的部分名词作简短注释，其中包括本书命名的名词（用☆号标志）和本书中专门讨论的名词。按名词的汉语拼音字母先后排列。

并存（concurrence）：一起存在

绑定（binding）：捆在一起

大统一（grand unification）：集成为大的统一体

☆ 大统一心理学（grand unified psychology theory）：

将心理学各个分支领域统一起来的理论

☆ 地球集成论（geo-integratics）：

研究地球科学领域中集成现象的特性和规律及其应用的学科

☆ 仿脑学（brainics）：仿造脑的学科

符合（coincidence）：彼此一致

感知集成（perception integration）：感知的集成

☆ 工程集成论（engineering integratics）：

研究工程领域中集成现象的特性和规律及其应用的学科

功能集成（function integration）：功能方面的集成

☆ 合理还原（reasonable reduction）：还原到合适的层次

和谐（harmony）：融洽一致

互补性（complementarity）：相互补充

☆ 环境集成论（environment integratics）：

　　研究环境科学领域中集成现象的特性和规律及其应用的学科

　还原（reduction）：分析统一体中的集成成分

　集成（integration）：将有关成分组成统一体

☆ 集成论（integratics）：研究集成现象的特性和规律及其应用的学科

　集成过程（integration process）：将有关成分组成统一体的过程

　集成现象（integration phenomena）：将有关成分组成统一体的现象

　集成作用（integrative action）：将有关成分组成统一体的作用

　集大成（global integration）：大规模集成

　建构（construction）：构造与建设

　技术集成（technique integration）：技术方面的集成

☆ 技术集成论（technology integratics）：

　　研究技术领域中集成现象的特性和规律及其应用的学科

☆ 教育集成论（education integratics）：

　　研究教育领域中集成现象的特性和规律及其应用的学科

　结构集成（structure integration）：结构方面的集成

☆ 经济集成论（economics integratics）：

　　研究经济领域中集成现象的特性和规律及其应用的学科

☆ 空间集成论（space integratics）：

　　研究空间科学领域中集成现象的特性和规律及其应用的学科

　联合（association）：联系与合并

　联想（association of ideas）：概念联合

　临界（criticality）：质变点

　临界条件（critical condition）：量变到质变的条件

　流畅性（fluency）：流动畅通

　模块（module）：标准组件

　模块化（modularity）：制成标准组件再进行组装

☆ 脑集成论（brain integratics）：研究脑内集成现象的特性和规律及其应用的学科

☆ 脑与环境集成（brain-environment integration）：脑和环境的集成过程

　耦联（coupling）：联合在一起

全局（global）：整个局面

全局化（globaliz ation）：统筹整个局面

☆ 认知集成论（cogno-integratics）：

　　研究认知领域中集成现象的特性和规律及其应用的学科

☆ 认知整合理论（integrated theory of cognition）：

　　用整合观点研究认知的理论

☆ 社会集成论（social integratics）：

　　研究社会领域中集成现象的特性和规律及其应用的学科

神经集成（nervous integration）：神经活动的集成

☆ 神经集成论（neuro-integratics）：

　　研究神经系统集成现象的特性和规律及其应用的学科

☆ 生物集成论（bio-integratics）：

　　研究生物领域中集成现象的特性和规律及其应用的学科

失调（incoherence）：失去协调

适应（adaptability）：适合环境

顺应（accommodation）：改变原有结构、适应新环境

思维集成（integration of thinking）：思维过程的集成

同步（synchronization）：一起变动

同化（assimilation）：将新信息纳入原有结构

统一（unification）：组织为统一体

统一体（unity）：集成的整体

☆ 文化集成论（culture integratics）：

　　研究文化领域中集成现象的特性和规律及其应用的学科

☆ 细胞集成论（cell integratics）：

　　研究细胞的集成现象的特性和规律及其应用的学科

协调（coordination）：配合适当，和谐一致

☆ 心理集成（psychological integration）：心理过程的集成

☆ 心理集成论（psycho-integratics）：

　　研究心理领域中集成现象的特性和规律及其应用的学科

☆ 心理相互作用 (mental interaction)：心理现象中的相互作用

信息集成 (information integration)：信息的集成

☆ 信息集成论 (info-integratics)：

研究信息科学中集成现象的特性和规律及其应用的学科

☆ 一般集成论 (general integratics)：

研究集成现象一般特性和规律及其应用的学科

一致 (coherence)：融洽协调

☆ 艺术集成论 (art integratics)：

研究艺术领域中集成现象的特性和规律及其应用的学科

☆ 医学集成论 (med-integratics)：

研究医学领域中集成现象的特性和规律及其应用的学科

涌现 (emergence)：质变时出现新特性

☆ 有机整合 (organic intergration)：根据要素的联系进行整合

优化 (optimization)：使尽可能完善

☆ 智能集成 (intelligence integration)：

心智能力、行为能力及其各种具体能力的集成

☆ 智能集成论 (intelligence integratics)：

研究智能领域中集成现象的特性和规律及其应用的学科

知识集成 (knowledge integration)：对知识的集成过程

☆ 知识集成论 (knowledge integratics)：

研究知识领域中集成现象的特性和规律及其应用的学科

重建 (reconstruction)：重新建构

☆ 专门集成论 (special integratics)：

研究各个具体领域中集成现象的特性和规律及其应用的学科

此外，《一般集成论——向脑学习》中引用的名词还有：

团簇 (cluster)

系统论 (system theory)

集成电路 (integrated circuit)

集成光学 (integrated optics)

集团 (clique)

集合论 (set theory)

控制论 (cybernetics)

数据共享 (data sharing)

协同 (synergy)

综合 (synthesis)

组块 (chunk)